Ioana Stanciu

Análise reológica de carne de cultura

Ioana Stanciu

Análise reológica de carne de cultura

ScienciaScripts

Imprint

Any brand names and product names mentioned in this book are subject to trademark, brand or patent protection and are trademarks or registered trademarks of their respective holders. The use of brand names, product names, common names, trade names, product descriptions etc. even without a particular marking in this work is in no way to be construed to mean that such names may be regarded as unrestricted in respect of trademark and brand protection legislation and could thus be used by anyone.

Cover image: www.ingimage.com

This book is a translation from the original published under ISBN 978-620-7-46861-4.

Publisher:
Sciencia Scripts
is a trademark of
Dodo Books Indian Ocean Ltd. and OmniScriptum S.R.L publishing group

120 High Road, East Finchley, London, N2 9ED, United Kingdom
Str. Armeneasca 28/1, office 1, Chisinau MD-2012, Republic of Moldova, Europe
Printed at: see last page
ISBN: 978-620-7-73693-5

Conteúdo

1. Propriedades da carne de cultura

A carne de cultura ou carne à base de células (geralmente designada por carne sintética, artificial ou in vitro) é um produto de carne animal derivado de células estaminais.

No século XXI, vários projectos de investigação conseguiram produzir carne in vitro em laboratórios. O primeiro hambúrguer in vitro, criado por uma equipa holandesa, foi comido numa demonstração à imprensa em Londres, em agosto de 2013. Há ainda vários obstáculos a ultrapassar antes de a carne in vitro se tornar comercialmente disponível. A carne de cultura é extremamente cara, embora se espere que o custo possa ser reduzido para competir com o da carne obtida convencionalmente, à medida que as tecnologias forem melhorando. Algumas pessoas argumentam que é necessária uma mudança fundamental na indústria da carne: em comparação com a carne obtida de forma tradicional, a carne de cultura é preferível tanto de um ponto de vista ético, porque não requer o abate e reduz os riscos de crueldade animal, como de um ponto de vista económico, dado que reduz drasticamente o impacto monetário e ambiental da indústria da carne.

1.1. História

A possibilidade teórica de cultivar carne num ambiente industrial há muito que conquistou a imaginação do público. No seu ensaio de 1931, "Fifty Years Hence", Winston Churchill escreveu: "Livrar-nos-emos do absurdo de criar um frango inteiro para comer o peito ou a asa, criando estas partes separadamente num ambiente adequado".

Na década de 1950, o cientista holandês Willem van Eelen teve a ideia da carne de cultura. Em criança, durante a Segunda Guerra Mundial, Van Eelen passou fome, o que o levou a apaixonar-se pela produção de alimentos e pela segurança alimentar em adulto. Frequentou a Universidade de Amesterdão. A certa altura, assistiu a uma palestra sobre as perspectivas da carne enlatada. Juntamente com a descoberta de linhas celulares na viragem do século, este facto alimentou a ideia da carne de cultura.

A cultura in vitro de fibras musculares foi efectuada pela primeira vez em 1971 por Russell Ross. Especificamente, o resultado foi tecido muscular liso derivado de porcos e cultivado em cultura de células. A cultura in vitro é possível desde a década de 1990, utilizando células estaminais animais, incluindo pequenas quantidades de tecido que, teoricamente, poderiam ser cozinhadas e consumidas. A NASA tem vindo a realizar experiências desde 2001, produzindo carne cultivada a partir de células de peru. O primeiro exemplo comestível foi produzido pelo NSR/Tuoro Applied BioScience Research Consortium em 2002:

células de peixe dourado cultivadas para formar filetes de peixe.

Em 1998, Jon F. Vein solicitou e recebeu uma patente dos Estados Unidos (US 6,835,390 B1) para a produção de tecido artificial de carne para consumo humano, em que as células musculares e adiposas seriam cultivadas num sistema de produção integrado para criar produtos alimentares como bifes, almôndegas e peixe.

Em 2001, o dermatologista Wiete Westerhof da Universidade de Amesterdão, o Dr. Willem van Eelen e o empresário Willem van Koten anunciaram que tinham registado uma patente internacional para um processo de produção de carne de cultura. Neste processo, as células musculares são enxertadas numa matriz de colagénio, embebidas numa solução nutritiva e levadas a dividir-se. Os investigadores de Amesterdão estão a estudar os meios de cultura, os da Universidade de Utrecht estão a estudar a proliferação das células musculares e os bioreactores estão a ser investigados na Universidade de Tecnologia de Eindhoven.

Em 2003, Oron Catts e Ionat Zurr, do Tissue Culture and Art Project e da Harvard Medical School, expuseram em Nantes um "bife", com vários centímetros de largura, produzido com a ajuda de células estaminais de rã, que foi cozinhado e comido.

O primeiro artigo publicado sobre este tema surgiu numa edição de 2005 da revista Tissue Engineering.

Em 2008, a PETA ofereceu um prémio de 1 milhão de dólares à primeira empresa que fornecesse aos consumidores carne de frango de cultura até 2012. O governo holandês investiu 4 milhões de dólares em experiências com carne artificial. O In Vitro Meat Consortium, um grupo de investigadores internacionais interessados nesta tecnologia, organizou a primeira conferência internacional sobre a produção de carne in vitro, realizada no Instituto Norueguês de Investigação Alimentar em abril de 2008, para discutir as possibilidades comerciais. A revista Timeau declarou que a produção de carne de cultura será uma das 50 ideias inovadoras de 2009. Em novembro de 2009, investigadores holandeses anunciaram que tinham conseguido produzir carne em laboratório utilizando células de um porco vivo.

Em 2012, 30 laboratórios de todo o mundo anunciaram que estavam a trabalhar em carne de cultura. A alcunha inglesa dada à carne criada em laboratório a partir da cultura de tecidos animais é "Shmeat", da combinação de "sheet" (folha) e "meat" (carne).

Em 27 de abril de 2022, a Comissão Europeia aprovou a petição de assinaturas para a iniciativa de cidadania europeia "End The Slaughter Age" (Fim da Idade do Abate), que visa transferir os subsídios da criação de animais para a agricultura celular.

1.1.1. Primeira demonstração pública

A 5 de agosto de 2013, o primeiro hambúrguer do mundo cultivado em laboratório foi cozinhado e comido numa conferência de imprensa em Londres. Cientistas da Universidade de Maastricht, nos Países Baixos, liderados pelo Prof. Mark Post, retiraram células estaminais de uma vaca e transformaram-nas em tiras de músculo que combinaram para produzir um hambúrguer. A carne foi cozinhada pelo chefe Richard McGeown, do restaurante Couch's Great House, em Polperro, na Cornualha, e provada pelo crítico gastronómico Hanni Ruetzler, investigador em nutrição no Future Food Studio, e por Josh Schonwald. Ruetzler constatou que, como não tem gordura, não é suculenta e, por isso, o sabor não é o melhor possível, mas continua a ter um sabor intenso. Acrescentou que se aproxima da carne, embora menos saborosa, mas considera a sua textura perfeita. Conclusão: "Para mim é carne, é algo que posso mastigar e acho que é muito parecido". Afirmou também que, num teste cego, teria preferido o produto à base de carne a um derivado de soja.

O tecido para a demonstração em Londres foi cultivado em maio de 2013, utilizando pelo menos 20.000 tiras finas de tecido muscular cultivado em laboratório. As doações no valor de cerca de 250 000 euros vieram de um doador anónimo, que mais tarde se revelou ser Sergey Brin. Mark Post afirmou que não há razão para que não possa ser mais barato e que ficaria satisfeito por reduzir em um milhão de vezes as populações de animais em todo o mundo. Mark Post estimou que seria necessário pelo menos uma década para que o processo fosse comercialmente viável.

1.1.2. Entrada no mercado

Na União Europeia, os novos alimentos, como os produtos de carne de cultura, têm de passar por um período experimental de cerca de 18 meses, durante o qual a empresa tem de demonstrar à Autoridade Europeia para a Segurança dos Alimentos (EFSA) que o seu produto é seguro.

Em 2 de dezembro de 2020, a Agência Alimentar de Singapura aprovou os "nuggets de frango" produzidos pela Eat Just para venda comercial. Pela primeira vez, um produto de carne de cultura foi aprovado na avaliação de segurança (que demorou dois anos) por um organismo de controlo alimentar. Foi considerado um marco importante para a indústria alimentar. Os nuggets de frango deverão ser introduzidos nos restaurantes de Singapura.

1.2.Técnica

1.2.1. Linhas celulares

A técnica consiste em pegar em células musculares e alimentá-las com proteínas que ajudam o tecido a crescer. Uma vez iniciado o processo, é teoricamente possível produzir carne indefinidamente sem adicionar novas células de um organismo vivo. Estima-se que, em condições ideais, dois meses de produção de carne in vitro poderiam gerar 50.000 toneladas de carne a partir de dez células musculares de porco.

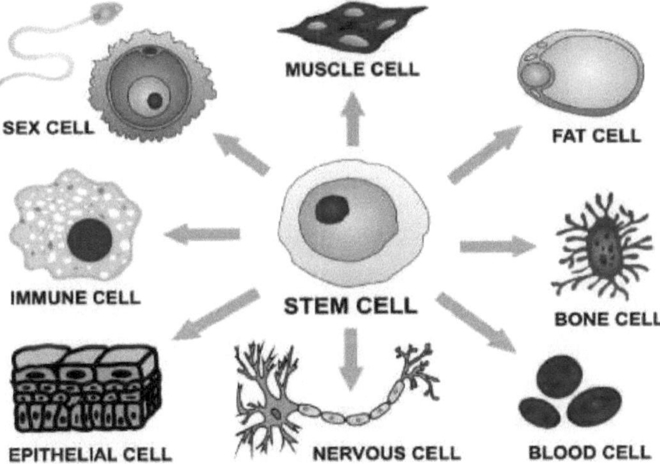

Fig. 1.1 Fonte https://ro.wikipedia.org/

1.2.2. Bioreactores

A carne de cultura pode ser produzida sob a forma de tiras de fibras musculares, que crescem através da fusão de células estaminais embrionárias, células estaminais adultas ou células satélites especializadas que se encontram no tecido muscular. Este tipo de carne pode ser cultivado num bioreactor.

Em alternativa, a carne poderia transformar-se em músculo "verdadeiro". No entanto, isto exigiria algo para substituir o sistema circulatório, para fornecer nutrientes e oxigénio diretamente às células em crescimento e para remover os resíduos. Outros tipos de células, como os adipócitos, também deveriam ser produzidos, e mensageiros químicos deveriam fornecer instruções aos tecidos em crescimento para formar estruturas. Além disso, o tecido muscular deve ser fisicamente "esticado" ou "exercitado" para que possa crescer corretamente.

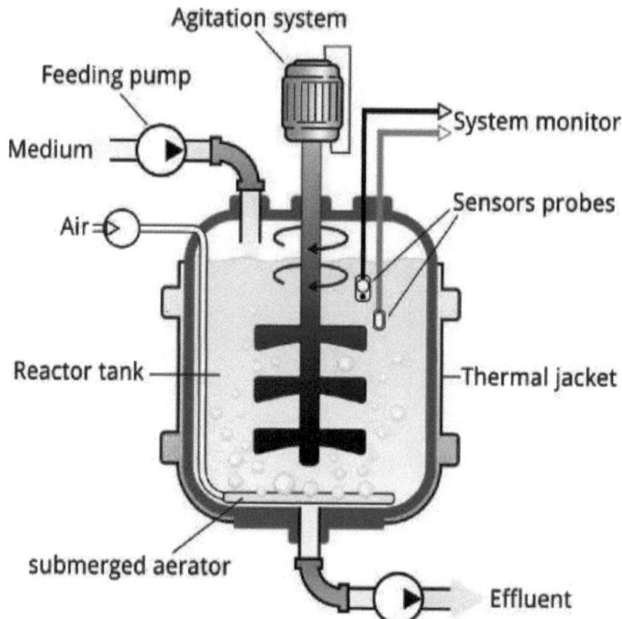

Fig. 1.2 Fonte https://ro.wikipedia.org/

1.2.3. Engenharia de tecidos

No caso dos produtos estruturados à base de carne (produtos caracterizados pela sua configuração geral e pelo seu tipo de célula), as células devem ser semeadas em andaimes (ou seja, andaimes tridimensionais de vários tipos que suportam a arquitetura celular). São essencialmente modelos destinados a refletir e a encorajar as células a organizarem-se numa estrutura maior. À medida que as células se desenvolvem in vivo, são influenciadas pelas suas interacções com a matriz extracelular (MEC). A MEC é a rede tridimensional de glicoproteínas, colagénio e enzimas responsáveis pela transmissão de sinais mecânicos e bioquímicos à célula. Os andaimes devem simular as características da MEC.

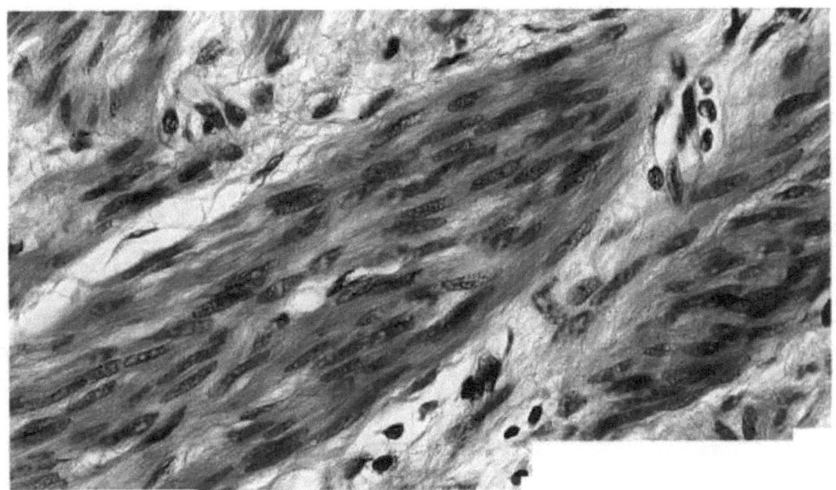
Fig. 1.3 Fonte https://ro.wikipedia.org/

1.2.4. Porosidade

Os poros são pequenas aberturas na superfície dos suportes. Podem ser criados na superfície do biomaterial para libertar componentes celulares que possam interferir com o desenvolvimento do tecido. Também ajudam a difundir gases e nutrientes para as camadas mais internas das células aderentes, evitando o desenvolvimento de uma "mancha necrótica" (criada quando as células que não estão em contacto direto com o meio de cultura morrem por falta de nutrientes).

1.2.5. Vasculatura

O tecido vascular encontrado nas plantas contém os órgãos responsáveis pelo transporte interno de fluidos. Forma topografias naturais que proporcionam uma forma económica de promover o alinhamento celular, replicando o estado fisiológico natural dos mioblastos. Também pode ajudar na troca de gases e nutrientes.

1.2.6. Propriedades bioquímicas

As propriedades bioquímicas de um andaime devem ser semelhantes às da MEC. Deve facilitar a adesão das células através de qualidades estruturais ou de ligações químicas. Além disso, deve produzir os sinais químicos que estimulam a diferenciação celular. Em alternativa, o material deve ser capaz de se misturar com outras substâncias que possuam estas qualidades funcionais.

1.2.7. Cristalinidade

O grau de cristalinidade de um material determina qualidades como a rigidez.
A elevada cristalinidade pode ser atribuída à ligação de hidrogénio que, por sua vez, aumenta a estabilidade térmica, a resistência à tração (importante para a

manutenção da forma do andaime), a retenção de água (importante para a hidratação das células) e o módulo de Young.

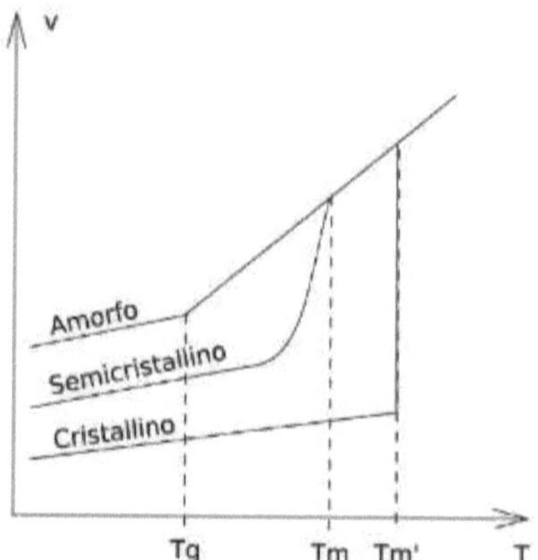

Fig. 1.4 Fonte https://ro.wikipedia.org/

1.2.8. Degradação

Alguns materiais degradam-se em compostos benéficos para as células, embora esta degradação também possa ser insignificante ou prejudicial. A degradação permite a fácil remoção da estrutura do produto acabado, deixando apenas tecido animal, aumentando assim a sua semelhança com a carne in vivo. Esta degradação pode ser induzida pela exposição a certas enzimas que não afectam o tecido muscular.

1.2.9. Edibilidade

Se os andaimes não podem ser retirados de tecidos animais, devem ser comestíveis para garantir a segurança do consumidor. Seria útil se fossem feitos de ingredientes nutritivos.

Desde 2010, surgiram grupos de investigação académica e empresas com o objetivo de identificar matérias-primas com as características de andaimes adequados.

1.2.10.   Celulose

A celulose é o polímero mais abundante na natureza e constitui o exoesqueleto das folhas das plantas. Dada a sua abundância, pode ser obtida a um custo relativamente baixo. É também versátil e biocompatível. Através de um processo chamado "descelularização", é revestido com um surfactante que cria poros. Estes poros libertam os componentes celulares da planta e esta transforma-se em tecido vegetal descelularizado. Este material foi extensivamente estudado pelos grupos Pelling e Gaudette na Universidade de Ottawa e no Worcester Polytechnic Institute, respetivamente. Através da reticulação (formação de ligações covalentes entre cadeias de polímeros individuais para as manter unidas), as propriedades mecânicas do tecido vegetal podem ser alteradas para se assemelharem mais ao tecido muscular. Isto também pode ser feito através da mistura de tecido vegetal com outros materiais.

1.2.11. Quitina

A quitina é o segundo polímero mais abundante na natureza. Encontra-se nos exoesqueletos de crustáceos e fungos. Como a agricultura celular procura acabar com a dependência de animais, a quitina derivada de cogumelos é de grande interesse. Foi largamente estudada pelo Grupo Pelling. O quitosano é derivado da quitina através de um processo conhecido como desacetilação alcalina (substituição de certos grupos de aminoácidos).

O grau deste processo determina as propriedades físicas e químicas do quitosano. O quitosano tem propriedades antibacterianas; em particular, tem efeitos bactericidas em bactérias planctónicas e biofilmes e um efeito bacteriostático em bactérias gram-negativas como a E. coli. Isto é importante porque neutraliza compostos potencialmente nocivos sem a utilização de antibióticos, que muitos consumidores evitam.

A semelhança do quitosano com os glicosaminoglicanos e as interacções internas entre as glicoproteínas e os proteoglicanos tornam-no altamente biocompatível. Pode ser facilmente misturado com outros polímeros para selecionar factores mais bioactivos. Uma potencial desvantagem do quitosano é o facto de se degradar na presença de lisozimas (enzimas naturais). Mas é possível resistir a este fenómeno através da desacetilação. Isto não é totalmente mau, uma vez que os subprodutos produzidos pela degradação têm propriedades anti-inflamatórias e antibacterianas. É importante fazer corresponder o grau em que as células dependem da matriz para a sua estrutura com a degradação.

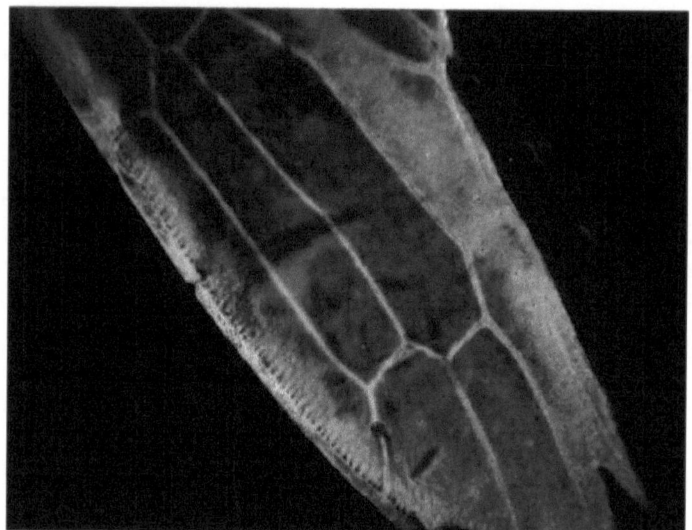
Fig. 1.5 Fonte <https://ro.wikipedia.org/>

1.2.12.   Colagénio

O colagénio é uma família de proteínas que constituem a estrutura primária do tecido conjuntivo humano. É normalmente derivado de fontes bovinas, suínas e murinas. A agricultura celular ultrapassa esta dependência através da utilização de organismos transgénicos capazes de produzir as repetições de aminoácidos que constituem o colagénio. O colagénio existe naturalmente como colagénio tipo I. Foi produzido como hidrogéis porosos, compósitos e substratos com propriedades topográficas e bioquímicas.

Foram produzidos tipos sintéticos de colagénio através da produção de proteínas recombinantes: colagénio tipo II e III, tropoelastina e fibronectina. Um desafio com estas proteínas é o facto de não poderem ser alteradas após a tradução. No entanto, foi isolada uma proteína fibrilar alternativa em micróbios que não possuem os sinais bioquímicos do colagénio, mas que têm o seu próprio tipo de personalização de genes. Um dos objectivos da produção de colagénio recombinante é a otimização do rendimento: como pode ser produzido de forma mais eficiente. As plantas, especialmente o tabaco, parecem ser a melhor opção, mas as bactérias e as leveduras também são alternativas viáveis.

A proteína texturizada de soja é um produto de farinha de soja frequentemente utilizado em carnes de origem vegetal que apoia o crescimento de células bovinas. A sua textura esponjosa permite uma sementeira eficiente das células e a sua porosidade promove a transferência de oxigénio. Além disso, é degradada durante a diferenciação celular em compostos benéficos para determinadas células.

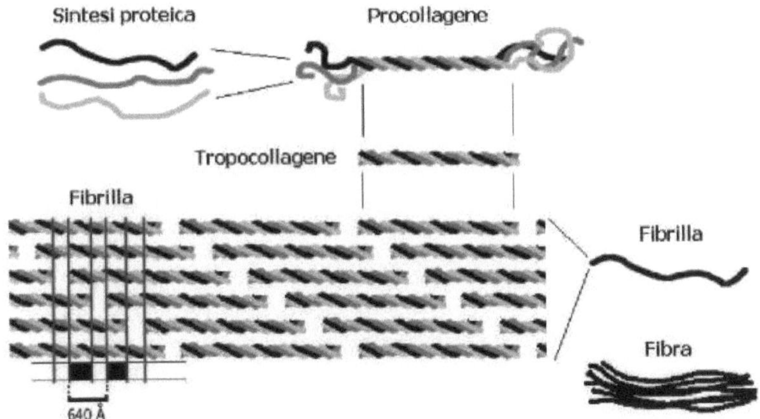

Fig. 1.6 Fonte https://ro.wikipedia.org/

1.2.13. Micélio

O micélio é a "raiz" dos fungos. A Altast Foods Co. utiliza a fermentação em estado sólido para cultivar tecido fúngico em suportes miceliais. Recolhem este tecido e utilizam-no para produzir análogos de bacon.

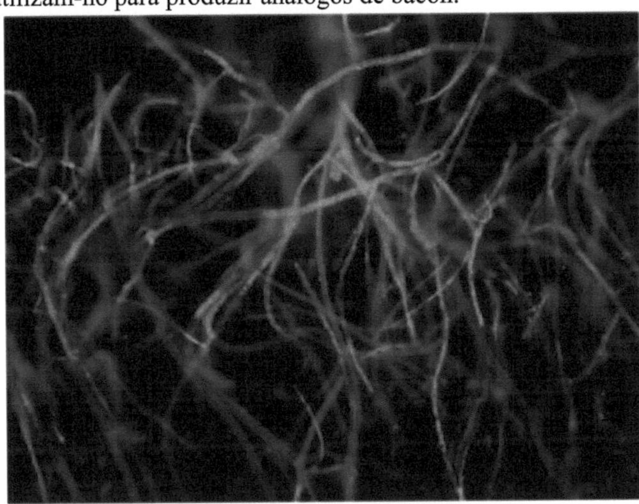

Fig. 1.7 Fonte https://ro.wikipedia.org/

1.2.14. Nanomateriais

Os nanomateriais apresentam propriedades únicas à nanoescala. A Biomimetic Solutions, sediada em Londres, explora os nanomateriais para criar estruturas de suporte.

A Cass Materials de Perth, Austrália, utiliza uma fibra dietética chamada Nata de Coco (derivada do coco) para criar esponjas de nanocelulose para o seu suporte BNC. A Nata de Coco é biocompatível, tem uma elevada porosidade,

11

facilita a adesão das células e é biodegradável.

Fig. 1.8 Fonte https://ro.wikipedia.org/

<h3 style="text-align:center">1.2.15.   Giro</h3>

O Immersion Jet Spinning é um método de criação de andaimes através da fiação de polímeros em fibras, desenvolvido pelo Grupo Parker em Harvard. A sua plataforma utiliza a força centrífuga para extrudir uma solução de polímero através de uma abertura num tanque rotativo. Durante a extrusão, a solução forma um jato que se estica e alinha à medida que passa pela abertura de ar. O jato é dirigido para um banho de precipitação controlado por vórtice que liga quimicamente ou precipita as nanofibras de polímero. O ajuste da abertura de ar, da rotação e da solução altera o diâmetro das fibras resultantes. Este método pode fazer girar andaimes a partir de folhas de PPTA, nylon, ADN e nanofibras. Um andaime nanofibroso à base de alginato de gelatina foi capaz de suportar o crescimento de células C2C12. Os mioblastos do músculo liso da aorta de coelho e bovino foram capazes de aderir às fibras gelatinosas. Formaram agregados em fibras mais curtas e tecidos alinhados em fibras mais longas

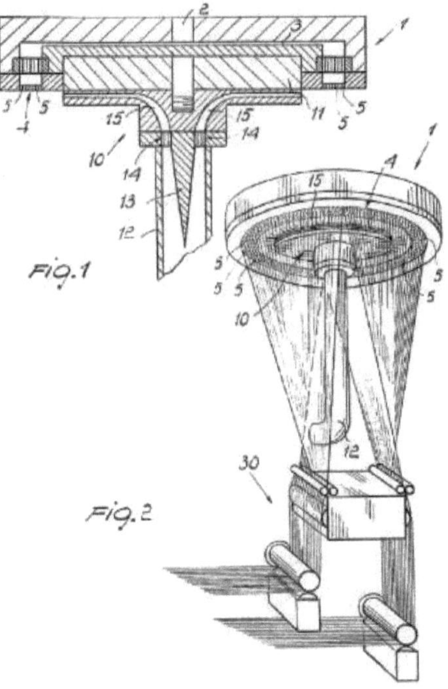

Fig. 1.9 Fonte https://ro.wikipedia.org/

<h3 style="text-align:center">1.2.16.   Fabrico aditivo</h3>

Uma cadeia de células musculares pode ser moldada numa estrutura destinada a assemelhar-se a um produto de carne acabado, que pode depois ser processado para amadurecer as células. Esta técnica foi demonstrada numa colaboração entre a 3D Bioprinting Solutions e a Aleph Farms, que utilizou o fabrico aditivo para texturizar células de peru na Estação Espacial Internacional.

A bioimpressão 3D foi utilizada para produzir carne de cultura semelhante a um bife, composta por três tipos de fibras celulares de bovinos e com uma estrutura de fibras celulares montada semelhante à da carne original.

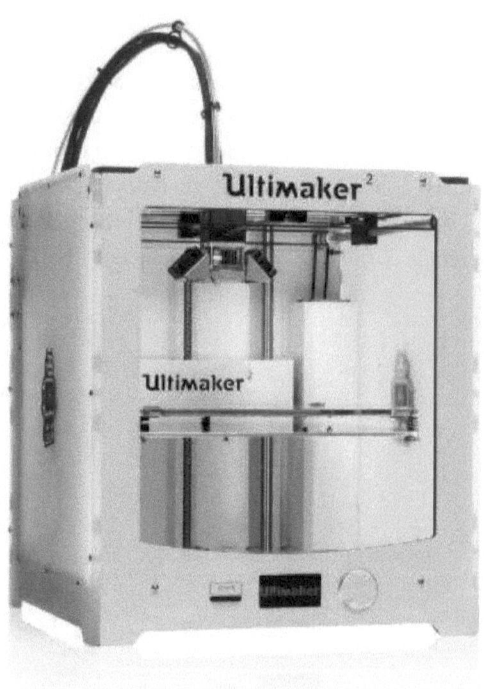

Fig. 1.10. Fonte https://ro.wikipedia.org/

1.2.17. Fermentação

Os produtos utilizados nesta técnica incluem o leite, o mel, os ovos, o queijo e a gelatina, que são fabricados a partir de diferentes proteínas e não de células. Nestes casos, estas proteínas têm de ser fermentadas, tal como acontece na produção de proteínas recombinantes, na produção de álcool e na produção de muitos produtos à base de plantas, como o tofu, o tempeh e o chucrute.

As proteínas são codificadas por genes específicos, os genes que codificam a proteína de interesse são sintetizados num plasmídeo, um circuito fechado de informação genética de dupla hélice. Este plasmídeo, chamado ADN recombinante, é então introduzido numa amostra bacteriana. Para que isto aconteça, as bactérias devem ser competentes (ou seja, capazes de aceitar ADN

14

extracelular estranho) e capazes de transferir genes horizontalmente (ou seja, integrar genes estranhos no seu próprio ADN).

A transferência horizontal de genes é significativamente mais difícil nos organismos eucariotas do que nos organismos procariotas, porque os primeiros têm uma membrana celular e uma membrana nuclear que o plasmídeo tem de penetrar, enquanto os organismos procariotas apenas têm uma membrana celular.

Por esta razão, as bactérias procarióticas são frequentemente preferidas. Para tornar essa bactéria temporariamente competente, pode ser exposta a um sal como o cloreto de cálcio, que neutraliza as cargas negativas nas extremidades fosfatadas da membrana celular e as cargas negativas no plasmídeo para evitar que os dois se repelem. As bactérias podem ser incubadas em água quente, abrindo poros largos na superfície da célula através dos quais o plasmídeo pode entrar.

A bactéria é então fermentada em açúcar, o que a estimula a crescer e a duplicar-se. Neste processo, exprime o seu ADN e o plasmídeo transferido, dando origem a uma proteína [36] .

Finalmente, a solução é purificada para separar a proteína residual. Isto pode ser feito através da introdução de um anticorpo criado contra a proteína de interesse que matará as células bacterianas que não contêm a proteína. Por centrifugação, a solução pode ser rodada em torno de um eixo com força suficiente para separar os sólidos dos líquidos.

Em alternativa, pode ser imerso numa solução iónica tamponada que utiliza a osmose para lixiviar a água das bactérias e matá-las.

1.3.Startups

O preço da carne cultivada em armazém poderá baixar rapidamente até ser considerada "barata" pelo consumidor médio, devido aos progressos tecnológicos.

As técnicas de criação de carne de cultura foram aprovadas desde 1995 pela Food and Drug Administration.

Em teoria, pode ser criado o tecido muscular de qualquer animal, incluindo o ser humano, abrindo caminho a possíveis aplicações médicas.

Muitas startups de carne de cultura foram lançadas entre 2011 e 2017. A Memphis Meats, uma startup de Silicon Valley fundada por um cardiologista, lançou um vídeo em fevereiro de 2016 apresentando a sua empada de carne de vaca de cultura. Em março de 2017, apresentou o frango tenro e o pato laranja, as primeiras aves de capoeira de cultura apresentadas ao público. A Memphis Meats foi mais tarde objeto do documentário de 2020 Meat the Future.

Em março de 2018, a Eat Just (fundada em 2011 como Hampton Creek em São

Francisco, mais tarde conhecida como Just, Inc.) disse que poderia oferecer um produto de consumo de carne cultivada. Em 2021, anunciou que iria abrir uma fábrica no Qatar.

Em 2019, a Aleph Farm colaborou com a 3D Bioprinting Solutions para produzir carne na Estação Espacial Internacional. Isto foi conseguido através da extrusão de células de carne para um andaime utilizando uma impressora 3D.

A empresa Hampton Creek declarou que pode retirar estas células diretamente de uma simples pena [43], enquanto a empresa SuperMeat declarou que pode alimentar as células com substâncias sintéticas ou derivadas de plantas (em vez de soro de leite).

Leonardo DiCaprio declarou em 2021 que apoia a Mosa Meat e a Aleph Farms, afirmando que "para combater a crise climática, estamos a transformar o nosso sistema alimentar".

1.4.Desafios da investigação

A ciência necessária para produzir carne de cultura é derivada de um ramo da biotecnologia conhecido como engenharia de tecidos. Esta tecnologia está a ser desenvolvida simultaneamente para outras utilizações, como a investigação da distrofia muscular e a produção de órgãos para transplante. Há vários obstáculos a ultrapassar:

*Proliferação de células musculares: Embora não seja muito difícil fazer com que as células estaminais se dividam, para a produção de carne têm de o fazer a alta velocidade, produzindo carne sólida. Este requisito tem vários aspectos em comum com o ramo médico da engenharia de tecidos.

*Meio de cultura: As células em proliferação necessitam de uma fonte de alimento para crescerem e se desenvolverem. O meio de cultura deve ser uma mistura bem equilibrada de ingredientes e hormonas de crescimento. Os investigadores já identificaram possíveis meios de cultura para células musculares de peru, peixe, ovelha e porco. Dependendo dos objectivos dos investigadores, o meio de cultura pode ter requisitos adicionais

*Comercial: deve ser barato de produzir

*Relacionadas com o bem-estar dos animais: não devem exigir material animal (exceto células estaminais que devem ser utilizadas no início do processo)

*Hipoalergénico: a atenção centra-se nos tipos de plantas utilizadas na alimentação para evitar possíveis reacções alérgicas dos consumidores.

*Bioreactores: Os nutrientes e o oxigénio devem ser fornecidos diretamente a cada célula em crescimento, a uma escala milimétrica. Nos animais, esta tarefa é efectuada pelos vasos sanguíneos. Um bioreactor deve compensar este facto de uma forma eficiente. A abordagem típica consiste em criar uma matriz tipo esponja na qual as células podem crescer e ser imersas num meio de cultura.

I. 5. Diferenças em relação à carne comum
1.5.1. Saúde

A carne in vitro está menos exposta a bactérias e à deterioração, além de que, sendo muito mais controlada do que a carne convencional, a exposição a produtos químicos tóxicos como pesticidas e fungicidas é reduzida. A produção de carne in vitro requer um conservante como o benzoato de sódio para proteger a carne em crescimento de leveduras e fungos. Além disso, o risco de doenças zoonóticas é menor e permite um maior controlo do perfil nutricional, com margem para melhorias.

1.5.2. Ambiente

Os investigadores demonstraram que o impacto ambiental da carne de cultura é significativamente menor do que o da carne abatida. Por cada hectare utilizado para a produção de carne de cultura, poderiam ser libertados entre 10 e 20 hectares de terra. De acordo com estudos realizados por investigadores de Oxford e Amesterdão, a produção de carne de cultura emitiria 4% dos gases com efeito de estufa e reduziria o consumo de energia para a produção de carne em 45%, necessitando apenas de 2% do total de terras utilizadas pela indústria agrícola. A agricultura tradicional é responsável por 18% dos gases com efeito de estufa e causa mais danos do que todo o sistema global de transportes. A produção de carne de cultura pode ser a escolha ideal para um mundo sobrepovoado, permitindo grandes poupanças de terra, energia e, sobretudo, água.

No entanto, a longo prazo, a carne de cultura poderá ser mais prejudicial para o ambiente do que a carne tradicional, segundo um estudo britânico realizado por investigadores da Oxford Martin School, publicado na revista Frontiers in Sustainable Food Systems, que refere que as emissões de metano das explorações agrícolas tradicionais permanecem na atmosfera durante cerca de 12 anos. A produção de carne de cultura, associada quase exclusivamente às emissões de CO_2, pode ser ainda mais difícil porque permanece na atmosfera durante milénios. Pode também causar problemas de poluição do solo devido às grandes quantidades de produtos químicos, hormonas e factores de crescimento utilizados para fazer crescer as células originais.

No entanto, o estudo não deve ser mal interpretado, pois demonstra que a produção de CO_2 do sector pecuário não pode ser reduzida com uma melhoria tecnológica, ao contrário do que acontece com a agricultura celular. No sítio Web da Oxford Martin School pode ler-se

"Os benefícios ambientais da carne cultivada em laboratório são um forte imperativo para a continuação e expansão da investigação agrícola e, em particular, para o desenvolvimento de formas de produzir carne cultivada da forma mais eficiente possível".

1.5.3. Papel da modificação genética

As técnicas de engenharia genética, como a inserção, a supressão, a eliminação, a ativação ou a mutação de genes, não são necessárias para a produção de carne de cultura. Por conseguinte, a carne de cultura não seria um OGM, mas apenas constituída por células cultivadas artificialmente para a formação de tecidos.

Embora a utilização da engenharia genética seja desnecessária, muitos investigadores debatem a ideia de a utilizar para melhorar a qualidade e a durabilidade da carne cultivada. A utilização da engenharia genética poderia também permitir obter um ambiente de cultura de plantas muito melhor, evitando a utilização de produtos animais.

1.5.4. Considerações éticas

Julian Savulescu, bioeticista australiano, afirmou:

"A carne sintética põe fim à crueldade contra os animais, é melhor para o ambiente, pode ser mais segura, mais eficiente e até mais saudável. Temos a obrigação moral de apoiar este tipo de investigação".

Os grupos de proteção dos animais são geralmente favoráveis à carne de cultura porque esta não tem sistema nervoso e, por conseguinte, não pode sentir dor. As leis estaduais devem ser alteradas para acomodar o novo produto alimentar.

Finalmente, a produção de carne de cultura requer métodos de produção sofisticados, a empresa SuperMeat afirma que a tecnologia capaz de criar carne também estará disponível nos supermercados, restaurantes locais e até mesmo como um eletrodoméstico em sua própria casa.

Em Itália, o bioeticista Luca Lo Sapio debruçou-se sobre este problema. Nomeadamente, no seu ensaio Synthetic flesh. A flywheel to build a new relationship between sapiens and non-human animals (Um volante para construir uma nova relação entre sapiens e animais não humanos), destacou o impacto positivo que esta nova tecnologia pode ter no equilíbrio da biosfera, na saúde humana e no bem-estar dos animais não humanos.

1.5.5. Economia

A produção de carne in vitro é muito dispendiosa. Em 2008, custava 1 milhão de dólares por um bife de 250 g e seria necessário um grande investimento para passar à produção em grande escala. No entanto, o Consórcio para a Carne In Vitro estima que as melhorias tecnológicas poderão levar a uma redução significativa dos custos, atingindo em breve 3,5 euros/Kg.

Em março de 2015, numa entrevista ao canal australiano ABC, Mark Post afirmou que o preço do hambúrguer original de 250 000 euros seria tão baixo quanto 8 euros em 2020. Segundo Post, a carne de cultura poderia tornar-se competitiva em relação à carne tradicional nos próximos dez anos.

Jornalistas do programa Patti Chiari, da televisão suíço-italiana, deslocaram-se a Singapura para testar os nuggets de frango da Eat Just. O chefe encarregado da prova disse que o preço de venda de 3 nuggets de frango é de 15 francos suíços ou 23 dólares de Singapura, para ser exato. Um pedaço de frango tem um peso indicativo de 17 gramas, ou seja, cerca de 300 francos por kg.

II. Economia de escala da carne de cultura
11.1. Introdução

A "carne de cultura" refere-se a um campo emergente de bioprodutos que visam substituir a carne convencional produzida por criação e abate por produtos análogos ou alternativos feitos a partir de culturas de células animais comestíveis. Num conceito (Figura 2.1), as células de uma biópsia de um animal vivo são propagadas através de uma série de biorreactores cada vez maiores, aumentando em número a cada passo e, finalmente, inoculando um biorreactor de $20m^3$ para produzir um lote de 2-3 toneladas de chorume de células animais [1]. A massa celular cultivada, talvez misturada com proteínas e gorduras vegetais, é posteriormente transformada em alimentos não estruturados do tipo carne picada ou nuggets. Conceitos avançados propõem a deposição de células animais cultivadas num suporte comestível que confere forma e possivelmente hipertrofia, resultando em produtos alimentares estruturados que se assemelham mais a um corte de carne. Alternativamente conhecidas como carne "baseada em células" ou "cultivada", estas tecnologias estão posicionadas para abordar problemas globais associados à criação industrial de animais, tais como as suas contribuições para a poluição, doenças de origem alimentar e alterações climáticas antropogénicas [2-4].

A partir da Figura 2.1, pode concluir-se que a escalabilidade de qualquer uma das classes de produtos depende da fase de produção de células a granel. Como indicado na figura, espera-se que esta etapa seja efectuada em grandes tanques de aço inoxidável, como numa grande instalação de fermentação. O precedente para este conceito vem da indústria biofarmacêutica, onde as proteínas terapêuticas são produzidas em culturas em suspensão de linhas celulares recombinantes de mamíferos em bioreactores de aço inoxidável até $-20m^3$. No entanto, o aumento da escala da cultura de células animais como um processo de fermentação apresenta vários desafios técnicos e económicos. As células animais proliferam muito mais lentamente do que as células microbianas. As células in vitro metabolicamente desreguladas tendem a apresentar ineficiências que as levam a produzir catabolitos inibidores do crescimento, como o lactato e o amoníaco. São esperadas limitações na transferência de massa em grandes bioreactores, onde a aspersão de gás e a agitação são limitadas pelo potencial de danos induzidos pelo cisalhamento nas células animais, que não têm uma parede celular rígida. É provável que os custos de capital do equipamento e das instalações com salvaguardas de esterilidade adequadas para evitar a contaminação microbiana sejam elevados. As formulações de aminoácidos e de micronutrientes proteicos (factores de crescimento) adequadas para os meios de cultura celular não são atualmente produzidas em escalas compatíveis com a produção alimentar e são também consideradas bastante dispendiosas. Estes aspectos técnicos e económicos são explorados numa avaliação recente do potencial da carne de cultura para substituir de forma mensurável o consumo humano de carne convencional [5]. Os seus métodos e resultados são resumidos no presente artigo. São utilizadas regras básicas de fermentação industrial e de conceção de biorreactores para estabelecer uma estequiometria do crescimento de células de mamíferos e uma densidade celular atingível em função do tamanho do biorreactor. São desenvolvidas projecções de custos para componentes de meios e equipamento de bioprocessamento estéril. Estes conhecimentos são utilizados para desenvolver estimativas de custos de produção para instalações conceptuais de lote alimentado e de perfusão que produzem massa de células animais a granel. A cultura em suspensão e a construção convencional em aço inoxidável são assumidas para efeitos de conceção do processo. Para definir uma procura global de custos de componentes de meios, estas instalações são consideradas num mercado maior de 100 kTA (quilotoneladas por ano) de massa celular animal húmida - semelhante aos substitutos de carne à base de plantas em ascensão.

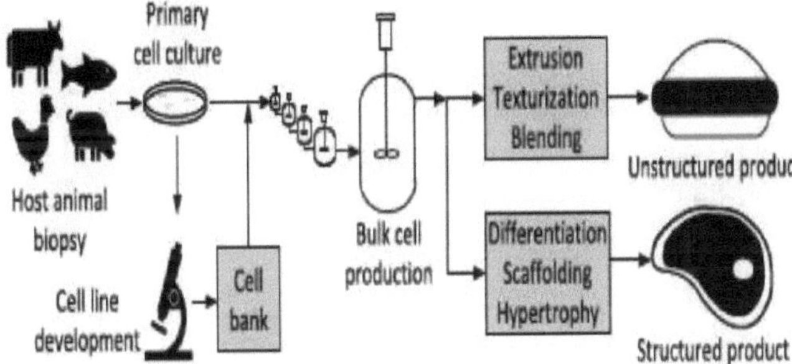

Fig. 2.1. Processo concetual de produção de carne de cultura

11.2. Métodos técnico-económicos

11.2.1.   Características da célula modelo e do crescimento

Foram propostos diferentes tipos de células animais para a produção de carne em cultura: células estaminais embrionárias ou pluripotentes, células estaminais adultas ou mesenquimais e células primárias [6]. Cada uma delas teria fases de proliferação e/ou diferenciação características, cada uma com a sua própria composição de meios e conceção de bioreactores. Estes pormenores são atualmente desconhecidos na esfera pública. Sabe-se muito mais sobre as linhas celulares de mamíferos utilizadas no fabrico de produtos biofarmacêuticos, a maioria das quais derivam de células de ovário de hamster chinês (CHO). Por conseguinte, esta análise baseia-se na literatura sobre CHO para obter orientações sobre o metabolismo celular, a inibição do crescimento, a conceção de biorreactores e outros aspectos.

Esta análise considera uma linha celular abstrata de mamíferos adaptada para cultura em suspensão. Assume-se que as células são esféricas com 70% de água intracelular e uma massa hidratada de 3000 pg. O crescimento celular prossegue com uma taxa de crescimento máxima g_{max} = 0,029/h, equivalente a um tempo de duplicação de 24 h. Uma fórmula CHON para a massa celular seca animal (DCMa) de $CH1_{.68}O0.34N0.21$ deriva de uma composição média de 15% de lípidos, 10% de hidratos de carbono, 5% de ARN/ADN e 70% de proteínas [7]. O enxofre, o fósforo e os metais são ignorados e a fórmula nCHON para as proteínas ($CH1,57O_{0,31}N_{0,28}$) deriva de um perfil médio de aminoácidos de 207 proteínas celulares [8].

As energias de formação de ΔHf = -73,0 kJ/mol e ΔGf = -31,9 kJ/mol são estimadas com correlações [9, 10]. Uma reação de crescimento anabólico para DCMa é construída a partir da composição macromolecular: Os lípidos e os hidratos de carbono são sintetizados

a partir da glucose (Glc); os nucleótidos são sintetizados a partir da glucose e de um dos átomos N da glutamina (Gln), rejeitando o glutamato (Glu); e a proteína é sintetizada a partir dos seus resíduos de aminoácidos individuais [11]. Guan e Kemp [12] caracterizaram a estequiometria catabólica para culturas de CHO fazendo corresponder as taxas de formação de catabolitos com a dissipação de calor observada. A reação 1 foi deduzida no final do lote, após o crescimento celular ter cessado:

$$1.0Glc + 0.13Gln + 1.275O_2 \rightarrow 0.26NH_3 + 1.77Lac + 1.34CO_2 + 0.95H_2O.$$

$$(2.1)$$

Esta reação é uma sobreposição da respiração, da glicólise e do catabolismo da glutamina, e pode ser generalizada com dois graus de liberdade, por exemplo, o rácio lactato/glicose (Lac/Glc) e o rácio glutamina/glicose (Gln/Glc). Como está escrito, estes rácios são relativamente elevados (Lac/Glc = 1,77 e Gln/Glc = 0,13), indicando uma ineficiência metabólica significativa consistente com o chamado efeito Warburg, que é frequentemente observado em células animais em rápida proliferação [13]. O catabolismo prossegue a uma taxa que satisfaz uma dissipação de calor observada ou "potência metabólica". West et al. [14] mostraram que a potência metabólica in vitro PM (em pW) pode ser relacionada com a massa celular hidratada M_c (em pg) com $PM = 0,148M_c0,75$. A potência metabólica de células de 3000 pg é de 60 pW/célula e a Reação 2.1 (ΔHr = -681 kJ/mol) prossegue a 0,0077 mol/mol $_{DCMa-h}$. Com μ = 0,029/h, o anabolismo e o catabolismo podem ser combinados numa reação global:

$$0.333Glc + 0.342O_2 + 0.007Arg + 0.004Cys + 0.055Gln$$
$$+ 0.003His + 0.007Ile + 0.010Lys + 0.002Met$$
$$+0.005Phe + 0.009Thr + 0.002Trp + 0.005Tyr$$
$$+ 0.010Val + 0.013Ala + 0.006Asn + 0.008Asp$$
$$+ 0.011Gly + 0.011Leu + 0.007Pro + 0.010Ser$$
$$\rightarrow 1DCM_a + 0.005Glu + 0.070NH_3 + 0.474Lac$$
$$+ 0.435CO_2 + 0.495H_2O.$$

(2.2.)

Dada a ineficiência metabólica inerente à Reação 2.2, esta substituirá uma linha celular "tipo selvagem" não optimizada. No entanto, será demonstrado abaixo que as suas taxas de produção de Lac e NH3 impedem-na de atingir uma densidade celular economicamente elevada. As estratégias de otimização do crescimento incluem: caraterização extensiva; seleção para a recaptação de lactato; transfecção da enzima glutamina sintetase; e controlo de feedback da glucose e do pH [15, 16]. Para permitir que um lote alimentado com $20m^3$ realizado com este metabolismo permaneça abaixo dos limites prováveis de inibição de Lac e NH3 (a serem discutidos em breve), as ineficiências máximas são antes Lac/Glc = 0,50 e Gln/Glc = 0,025. A reação 3 representa, portanto, esta linha celular "metabolicamente melhorada":

$$0.147Glc + 0.378O_2 + 0.007Arg + 0.004Cys + 0.022Gln$$
$$+ 0.003His + 0.007Ile + 0.010Lys$$
$$+ 0.002Met + 0.005Phe + 0.009Thr + 0.002Trp$$
$$+ 0.005Tyr + 0.010Val + 0.013Ala + 0.006Asn$$
$$+ 0.008Asp + 0.011Gly + 0.011Leu + 0.007Pro$$
$$+0.010Ser \rightarrow 1DCM_a + 0.005Glu + 0.004NH_3$$
$$+ 0.041Lac + 0.455CO_2 + 0.613H_2O.$$

(2.3)

À escala alimentar, os hidrolisados de proteínas vegetais podem ser mais rentáveis e sustentáveis do que os aminoácidos produzidos individualmente por fermentação. A Figura 2.2 compara o perfil de aminoácidos da Reação 2.1 com o da farinha de soja dos EUA [17]. Os perfis de aminoácidos essenciais (EAA) são suficientemente semelhantes para que, se um hidrolisado quantitativo de farinha de soja fosse administrado a 1,36 mol por mol de proteína (para igualar a treonina), todas as necessidades de EAA pudessem ser satisfeitas, exceto a glutamina e cerca de 75% da tirosina. Com compostos agregados que representam o hidrolisado de soja e a fração de aminoácidos não utilizados (AAU), pode derivar-se a seguinte reação de metabolismo melhorado:

$$0.147Glc + 0.378O_2 + 0.022Gln + 0.004Tyr$$
$$+ 0.192SoyHydr. (C_{4.81}H_{9.49}O_{2.68}N_{1.28})$$
$$\rightarrow DCM_a + 0.004NH_3 + 0.041Lac + 0.455CO_2$$
$$+ 0.613H_2O + 0.142UAA(C_{2.63}H_{4.86}O_{1.75}N_{0.60}).$$

$$(2.4)$$

II. 2.2. Limitações da densidade celular

A Figura 2.3 apresenta um esboço de um biorreactor de tanque agitado (STR) com dois impulsores, aquecimento/arrefecimento por camisa e um volume de trabalho final de 80%. As bolhas de gás são utilizadas para transferir O2 para a solução e retirar co2. A ação de agitação do impulsor aumenta esta transferência de massa gás-líquido. A aspersão é quantificada como velocidade superficial us (m/s) e a agitação como potência de entrada por unidade de volume de líquido (P/V, em W/m^3). A densidade celular máxima suportada num STR pode ser limitada pela viscosidade da cultura, pelas taxas de transferência de massa gás-líquido, pelo tempo de mistura, pelas taxas de acumulação de catabolitos e por outros factores. Quando estes limites são ultrapassados, a taxa de crescimento diminui drasticamente devido à inibição. Com a taxa de crescimento já baixa aqui considerada, qualquer inibição é economicamente inaceitável no que diz respeito à acumulação de massa celular em massa. Em geral, será mais económico parar o lote e começar um novo com a taxa de crescimento não inibida.

II.2.2.1. Viscosidade

Uma densidade celular máxima prática em cultura em suspensão ocorre numa fração de volume $\phi \approx 0.25$; acima deste limite, a viscosidade aumenta acentuadamente à medida que as colisões célula-célula se tornam mais frequentes [18]. Para células de 3.000 pg com um diâmetro de 17,7gm, a densidade celular máxima absoluta atingível é, portanto, 86 x 106/ml ou 258 g/L húmidos. Note-se que, para células mais pequenas como as CHO, a densidade numérica máxima pode ser significativamente mais elevada [19], mas a densidade de massa máxima é a mesma.

II.2.2.2. Transferência de massa de O2

A taxa volumétrica de transferência de oxigénio (OTR) é o produto de um coeficiente de transferência de massa kLa e de uma força motriz: o desvio da concentração de oxigénio dissolvido [o2] da sua concentração saturada de acordo com a Lei de Henry [o2*], expressa como uma diferença logarítmica entre o topo e o fundo do bioreactor:

$$OTR = k_L a([O_2^*] - [O_2])_{lm}.$$

$$(2.5)$$

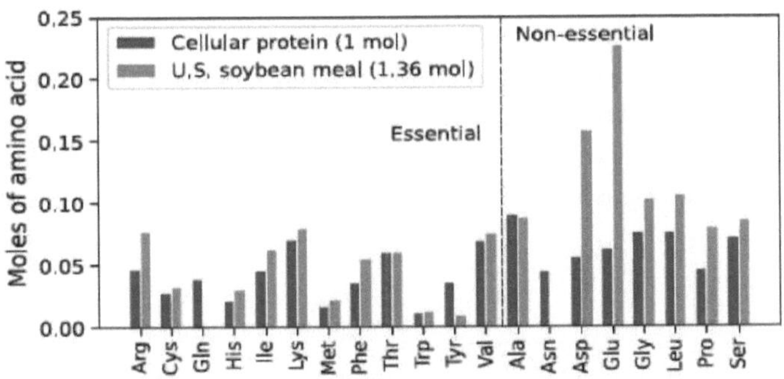

Fig.2.2. Perfis amino-ácidos da proteína celular e da farinha de soja dos EUA [A figura a cores pode ser visualizada em wileyonlinelibrary.com]

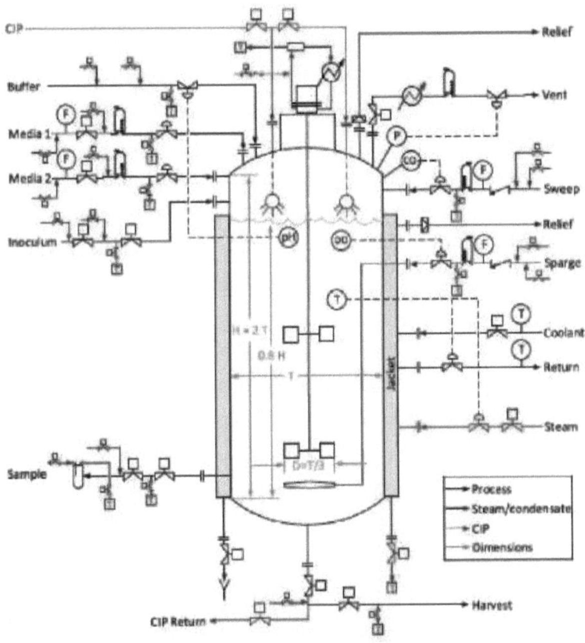

Fig. 2.3. Esquema de um STR com camisa de arrefecimento externa. O diâmetro do biorreator é denotado por T e o diâmetro do impulsor é D. A tubulação asséptica e a instrumentação seguem o BPE-2016 (ASME, 2016). STR, biorreactor de tanque agitado [A figura a cores pode ser visualizada em wileyonlinelibrary.com]

Para determinar kLa, a correlação de [20] foi desenvolvida para meios de cultura de células CHO a 37°C:

$$k_L a\,[s^{-1}] = 0.075(P/V)^{0.47}(u_s)^{0.8} \qquad (2.6)$$

As regras de conceção STR para a cultura de células animais limitam a taxa de dispersão de gás a $u_s = 0,006$ m/s, o que é equivalente a 0,1 vvm num biorreactor de 20m^3 [21]. A agitação é limitada a uma potência que cria turbulências x_K na escala de comprimento de uma única célula (-20 gm):

$$\lambda_k = \left(\frac{v^3}{50(P/V\rho)} \right)^{1/4} \qquad (2.7)$$

em que $v = \eta/\rho$ é a viscosidade cinemática do fluido médio e o fator de 50 corrige a potência de entrada perto do impulsor em relação ao P/V total [22]. Com a aspersão e a agitação nos seus limites recomendados, pode estimar-se um OTR máximo atingível a partir das Equações 2.5-2.7. A densidade celular é assim limitada ao ponto em que a taxa de absorção de oxigénio da cultura é igual a esta OTR máxima. Para aumentar a OTR (e, por conseguinte, a densidade celular), o oxigénio ou o ar enriquecido com O_2 é tipicamente aspergido em vez de ar. Esta análise pressupõe a produção no local de 90% de O2 numa unidade de adsorção por oscilação de pressão em vácuo.

II. 2.2.3. Transferência de massa de CO_2

A remoção de CO_2 da fase líquida segue uma relação muito semelhante à Equação 2.7. Se o CO_2 não se acumular no líquido, então a taxa de transferência de CO_2 é aproximadamente igual à OTR. A concentração líquida de CO_2 (tipicamente medida como pCO2, ou a pressão parcial de CO_2 em equilíbrio com a fase líquida) é, portanto, uma função da taxa de aspersão do bioreactor. Na cultura de CHO, a inibição é notada quando o pCO2 cai fora de uma faixa de 40-100 mbar [23]. Com a aspersão fixada em us = 0,6 cm/s, a densidade celular deve ser limitada de modo que a taxa de evolução de CO_2 não cause pCO2 > 100 mbar.

II.2.2.4. Mistura

O tempo de mistura no STR pode ser estimado com a Equação 2.8 [22]. Aqui, T é o diâmetro do bioreactor, D é o diâmetro do impulsor e HL é a altura do líquido. O tempo de mistura deve ser inferior a 1/kLa para garantir que o O_2 dissolvido seja rapidamente transportado para longe da bolha [24].

$$\tau_m \approx 6T^{2/3}(P/V\rho)^{-1/3}(H_L/T)^{2.5} \qquad (2.8)$$

II.2.2.5. Inibição de catabolitos

Na cultura de células em regime de "fed-batch" para a produção de biofarmacêuticos, a acumulação de catabolitos tóxicos e inibidores do crescimento é um limite muito mais frequentemente encontrado do que os limites físicos discutidos até agora. Foram registadas concentrações inibidoras de 2-10mM de NH3 em células de mamíferos; a inibição por lactato é uma ordem de grandeza superior [8]. Para efeitos de modelação, consideram-se aqui os limites de 5 mM de NH3 e 50 mM de lactato. A Figura 2.4a (linhas tracejadas) apresenta uma simulação em regime de batelada alimentada utilizando a Reação 2 num biorreactor de 20 m^3 alimentado com 90% de o2. Após duas duplicações da massa celular, o lote termina com 5mM NH3 e uma densidade celular de apenas 7,0 gIL. De facto, não existe uma forma prática de atingir uma densidade celular economicamente elevada com um metabolismo tão ineficiente como o da Reação 2.2. Em qualquer densidade inicial apreciável, a inibição por NH3 ocorreria numa questão de horas. Numa simulação fedbatch com a Reação 2.3 (linhas sólidas), é atingida uma densidade celular final de 110 gIL antes da inibição de NH3.

Essas simulações podem ser estendidas para encontrar a densidade máxima de células em lote alimentado, conforme limitado por o2, co2, nh3 e mistura. Como mostrado na Figura 2.4b, a inibição de NH3 limita a densidade celular a 110 gIL em biorreatores $<20m^3$. A $20m^3$, a densidade limitada por nh3 é coincidente com a densidade limitada por pco2 (os parâmetros catabólicos da Reação 2.3 foram seleccionados para causar esta coincidência). Os bioreactores $>20m^3$ têm uma densidade celular máxima mais baixa devido à inibição do co2.

Enquanto a inibição por NH3 pode ser atenuada até certo ponto com uma maior eficiência metabólica, a inibição por co2 não pode. Independentemente dos parâmetros metabólicos, o quociente respiratório (co2/o2) da reação de crescimento permanecerá ~1 e a taxa de remoção de co2 permanecerá igual (ou inferior) à taxa de transferência de o2. A única forma de contornar a inibição de co2 num biorreactor com aspersão é aumentar a aspersão, possivelmente até ao ponto de morte celular [25]. Isto pode impedir o aumento de escala da cultura de células animais em biorreactores extremamente grandes.

A inibição por co2 e NH3 também pode ser atenuada, até certo ponto, com a perfusão. Na cultura por perfusão, o conteúdo do biorreactor é continuamente circulado através de um dispositivo de retenção de células, que remove continuamente os produtos extracelulares e os inibidores e permite geralmente densidades celulares mais elevadas do que as culturas em regime de lote alimentado. No estado estacionário, as células são sangradas do biorreactor para manter a taxa de crescimento; em princípio, este sangramento celular poderia ser um fluxo de colheita para a cultura de células a granel.

Os volumes de cultura por perfusão são limitados pela capacidade do dispositivo de retenção de células. O filtro de fluxo tangencial alternado (ATF) é normalmente utilizado em aplicações de elevada densidade celular e o maior disponível (por exemplo, o Xcell ATF 10) pode funcionar a taxas de perfusão até 1000 L/d [26]. Em configurações de ATF duplo, os bioreactores de 1m^3 podem ser perfundidos até 2 volumes de reator por dia (RV/d) e os bioreactores de 2m^3 até 1 RV/d. A Figura 2.4c apresenta as curvas da densidade celular atingível em função da taxa de perfusão. A Reação 2.2 de tipo selvagem gera 2 mmol NH3/mol DCMa-h. Se o NH3 for removido através do fluxo do perfusato a uma concentração estável de 5 mmol/L, então, a uma taxa de perfusão de 2,0/d, pode calcular-se que a inibição é atingida a uma densidade celular de apenas 20 g/L (6,8 x 106/ml). Com a reação 3, mais eficiente, é possível obter uma densidade celular limitada a o2- de 195 g/L (65 x 106/ml) a uma taxa de perfusão de 1,0/d.

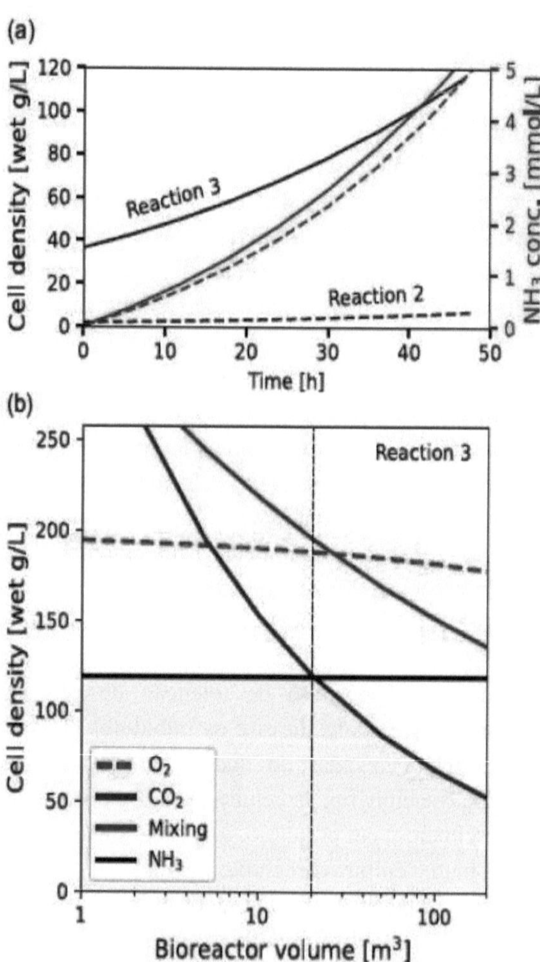

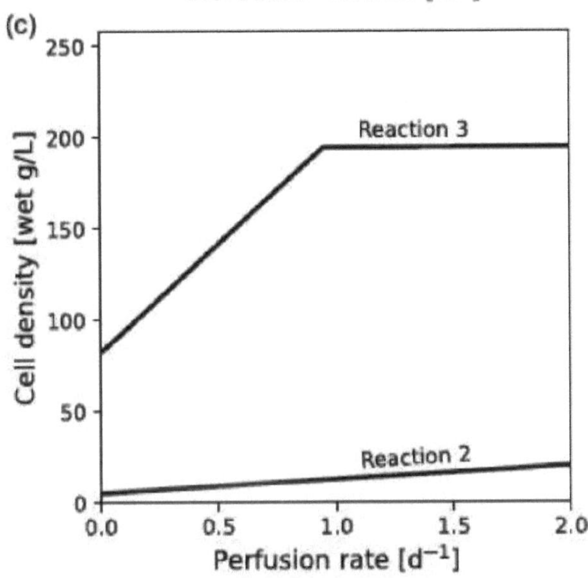

Fig. 2.4. (a) Simulações em regime de batelada num biorreactor de 20 m^3 aspergido com O_2, com um volume de trabalho máximo de 80% e uma concentração máxima de NH3 de 5 mmol/L. Linhas tracejadas: Reação 2.2; linhas sólidas: Reação 2.3. (b) Densidade celular máxima alcançável em cultura de suspensão em batelada alimentada com a Reação 2.3. A densidade limite para cada restrição foi calculada independentemente das outras, e o eixo da densidade é truncado no limite de viscosidade. (c) Densidade celular máxima alcançável em cultura de suspensão por perfusão em função da taxa de perfusão com as Reacções 2.2 e 2.3 [A figura a cores pode ser visualizada em wileyonlinelibrary.com]

II.2.3. Custos de capital

O custo de capital de um processo concetual de cultura de células animais a granel é desenvolvido a partir dos custos do equipamento simples dos seus elementos mais importantes. A partir deste custo do equipamento comprado, obtém-se um investimento total de capital (TCI) através da aplicação de factores de aumento dos custos, que se entende serem bastante elevados para os processos biofarmacêuticos de cultura de células [27]. Em comparação com os processos biofarmacêuticos existentes, os futuros processos de cultura de células a granel para carne cultivada teriam provavelmente requisitos de segurança e esterilidade semelhantes para proteger a cultura de ser ultrapassada por microrganismos contaminantes ou infetada por vírus adventícios [28]. O equipamento e a conceção das instalações, no entanto, seriam necessariamente mais comoditizados. O software de estimativa da indústria de processos pode, assim, ser aproveitado para o desenvolvimento do custo de capital.

A Figura 2.3 apresenta um esboço de um STR estéril adequado para a cultura de células animais: entradas esterilizáveis, aquecimento e arrefecimento por camisa, CIP/SIP, automatização, etc. A norma ASME para equipamento de bioprocessamento [29] determina a conceção de vácuo total e a construção em aço inoxidável 316 L. A 20 m^3 , o Aspen Capital Cost Estimator (ACCE) estima que o custo do recipiente vazio e do agitador é de ~$330k, como indicado na Tabela 2.1. Os custos de tubagem e instrumentação também podem ser estimados com o ACCE. Com acréscimos para o tratamento de superfície (electropolimento, passivação), internos (aspersor, esferas de pulverização) e externos (aquecedor de exaustão, vedação estéril do impulsor), o custo direto total estimado (TDC) de um sistema de 20 m3 é de $1,5 M. O equipamento simples estimado (recipiente e agitador) e os custos totais do sistema para biorreactores de 1-200 m^3 são apresentados no Quadro 2.1, juntamente com factores de custo direto. Embora os custos de instalação sejam dominantes em todos os volumes, nota-se uma forte economia de escala.

Tabela 2.1. Custos pormenorizados para a configuração estéril da figura 2.3 a 1 e 20 m^3

$1m^3$	ACCE recipiente + agitador ACCE tubagem ACCE instr. + elec. ACCE outros custos directos Acréscimo para internos/externos Acréscimo para tratamento de superfície Total	$59k $201k $454k $3k $29k $28k $774k
$20m^3$	Recipiente ACCE + agitador Tubagem ACCE ACCE instr. + elec. ACCE outros custos directos Acrescentar para interiores/exteriores Acrescentar para tratamento de superfície Total	$330k $360k $476k $22k $164k $132k $1.5M

	Nua	Instalado	FCD[a]
$1m^3$	$59k	$774k	12.1
$2m^3$	$93k	$856k	8.2
$5m^3$	$138k	$966k	6.0
$10m^3$	$217k	$1.2M	4.4
$20m^3$	$330k	$1.5M	3.5

50m³	$722k	$2.6M	2.6
100m³	$1.3M	$4.0M	2.2
200m³	$2.4M	$6.8M	1.8

Nota: Para os volumes 1-200m3, são indicados o equipamento nu e os custos directos totais.

ªFator de custo direto (Instalado/Nu-1)

Para desenvolver custos de capital para configurações específicas, os TDCs para biorreactores são estimados com a Equação 2.9. Esta correlação por partes combina as estimativas da ACCE na Tabela 2.1 com as estimativas do SuperPro Designer para pequenos volumes, onde a ACCE é menos exacta:

$$Cost(\$k) = \begin{cases} 30.7 \times V + 800 & V \geq 0.33m^3 \\ 2285 \times V + 49.5 & V < 0.33m^3 \end{cases}$$

$$(2.9)$$

Os custos de equipamentos de processo menores (tanques de meios, esterilizadores, filtros, etc.) são estimados com ACCE, SuperPro Designer ou com as correlações em [30]. O equipamento de apoio ao processo (utilidades, geração de O_2, etc.) é estimado de forma independente ou representado por um custo operacional. A todos os equipamentos, com exceção dos bioreactores, é aplicado um fator de instalação de 1,3* ao seu custo de aquisição [27]. Os custos de construção são calculados a partir de uma estimativa da pegada do equipamento e dos custos de área retirados da ACCE ou da Petrides.

Ao TDC da instalação, aplica-se um fator de custo indireto de 0,6 para honorários de engenharia e construção, obtendo-se um custo total da instalação (TPC). Um fator de contingência adicional de 0,15 é aplicado ao TPC para calcular o TCI. Finalmente, o TCI é representado como um encargo anual ($/ano) aplicando um fator de encargo de capital (CCF; ver Equação 2.10) de 15%/ano ao TCI. Aqui, i é tomado como 7,5% e n como 10 anos; estes são valores comuns para instalações de fabrico de alimentos, incluindo substitutos de carne à base de plantas [31, 32].

$$CCF[\%ofTCI / y] = \frac{i}{(1-(1+i)^{-n})}$$

$$(2.10)$$

1.1.4. . Custos das matérias-primas

Os meios de cultura de células animais contêm geralmente uma composição definida de açúcar (glucose), até 20 aminoácidos essenciais e não essenciais, ácidos gordos, fosfato, oligoelementos e várias vitaminas, hormonas e citocinas (coletivamente conhecidas como factores de crescimento). Muitos destes componentes
não são atualmente produzidas em escalas compatíveis com a produção

alimentar. Esta secção discute a origem destas matérias-primas e a forma como os níveis de procura poderão influenciar o preço futuro.

1.1.4.1.   . Glicose

Como fonte primária de carbono e energia na Reação 5, a glucose é necessária a 0,36 kg/kg de massa celular húmida. A D-glucose comercial (dextrose) é produzida nos EUA em moinhos de milho húmido e vendida como xarope de milho com um volume de mercado de >4000 kTA. Os preços contratuais para os consumidores de glucose estabelecidos são de ~$0,26/kg [33]. A este preço, não se prevê que a glucose constitua um obstáculo ao aumento de escala, nem que contribua significativamente para o custo de produção: apenas $0,24/kg de massa celular húmida.

1.1.4.2.   . Aminoácidos

Cada aminoácido é atualmente produzido a uma certa escala comercial, que varia entre milhares de kTA para suplementos destinados à alimentação animal e <1 kTA para aminoácidos com utilizações essencialmente farmacêuticas. A figura 2.5a apresenta os dados disponíveis sobre o preço-volume de cada aminoácido [34-36].

Embora a figura 2.5a indique claramente que os aminos com volumes de mercado mais pequenos custam mais, os dados de volume elevado/baixo custo para os principais aminoácidos reflectem formulações de grau alimentar inadequadas para meios de cultura celular. As formulações adequadamente puras custam mais. Reconhecendo que a relação preço-volume observada em todos os aminoácidos também deve existir nas formulações de um aminoácido individual, o volume de mercado de um novo aminoácido "cultivado

A formulação de "grau de carne" é provavelmente um indicador mais fiável do preço à escala do que quaisquer detalhes específicos do seu processo de fabrico. Estes factores influenciarão certamente o preço, mas não em várias ordens de grandeza. Por conseguinte, os preços dos aminoácidos individuais à escala estão correlacionados com o volume de produção estimado através da seguinte equação:

$$\log(\mathrm{Prince}[\$/kg]) = -0.563\log(\mathrm{Prod.volume}[MT/y]) + 3.65 \tag{2.11}$$

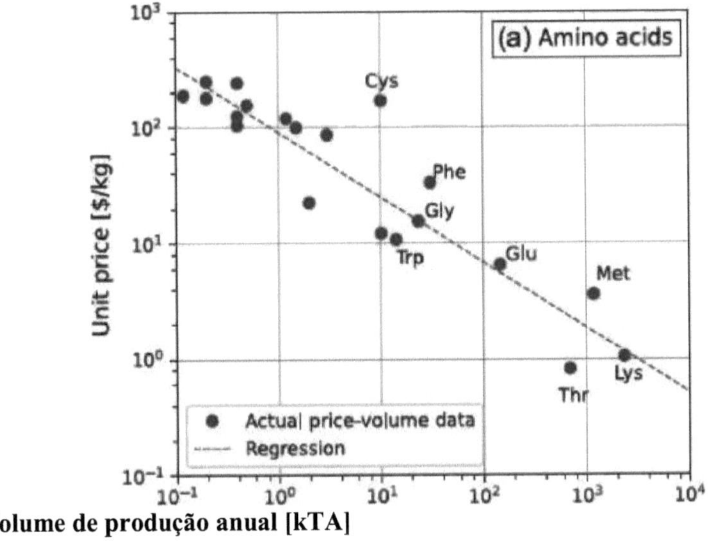

Volume de produção anual [kTA]

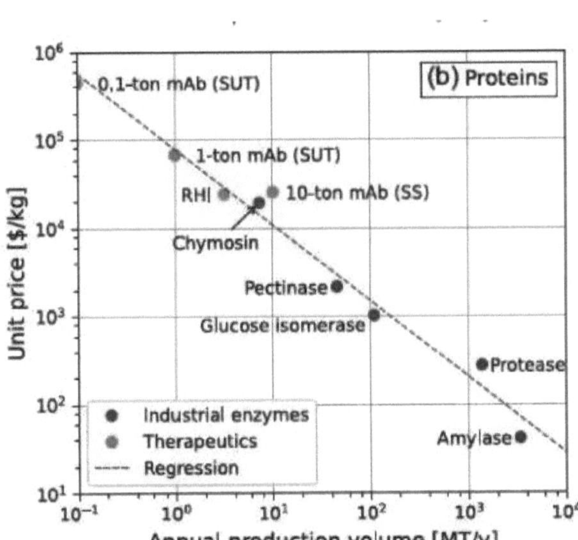

Fig.2.5. (a) Custo unitário versus taxa de produção para aminoácidos individuais e sua contribuição de custo para a massa celular húmida à escala (estequiometria da Reação 3). (b) Relações preço-volume para enzimas industriais e terapêuticas. Ajustado para 2018$. RHI, insulina humana recombinante; SS, aço inoxidável; SUT, tecnologia de uso único [A figura colorida pode ser visualizada em wileyonlinelibrary.com]

1.1.4.3. . Hidrolisado de proteínas vegetais

O hidrolisado de soja foi discutido acima como uma potencial fonte alternativa de aminoácidos. Em formulações de meios sem animais para cultura de células, os hidrolisados de plantas são por vezes utilizados como suplemento em meios quimicamente definidos [37]. Os aminoácidos simples não são geralmente produzidos a partir de hidrolisados porque o isolamento pós-hidrólise é dispendioso.

Em vez disso, os hidrolisados integrais teriam de ser concebidos para fornecer todos os aminoácidos nas proporções adequadas (com a provável exceção da glutamina, que se decompõe facilmente). O preço atual da farinha de soja para alimentação animal é de cerca de 0,33 dólares/kg [38]. A enzima protease subtilisina a $15/kg (ver Figura 2.5b) e 2% de carga acrescentaria ainda mais $0,30/kg de farinha processada. Se a farinha tivesse 48% de proteínas, 88% de proteínas solúveis e a conversão da hidrólise fosse de 80%, então uma formulação de aminoácidos mistos a partir da hidrólise poderia custar apenas $1,60/kg, mais os custos de transformação. Esta análise considera um preço de 2 dólares/kg de aminoácidos mistos.

1.1.4.4. . Micronutrientes proteicos

Os factores de crescimento proteico são fornecidos nos meios para regular o crescimento e o metabolismo. As fontes livres de animais destas proteínas incluem extractos altamente processados de proteínas vegetais e proteínas recombinantes produzidas por fermentação. As proteínas recombinantes comerciais (terapêuticas, enzimas industriais) têm uma relação preço-volume semelhante à dos aminoácidos, tal como apresentada na figura 2.5b e regredida na equação 2.12 [39-41].

$$\log(\mathrm{Pr}ince[\$/kg]) = -0.861\log(\mathrm{Pr}od.volume[MT/y]) + 4.90 \qquad (2.12)$$

As utilizações de micronutrientes são estimadas com base nas perdas: na cultura de perfusão, as perdas ocorrem ao longo do tempo; na cultura em regime de lote alimentado, as perdas ocorrem quando o bioreactor é esvaziado. Quatro micronutrientes distintos são considerados na análise: insulina a 19,4 mg/L, transferrina a 10,7 mg/L, fator de crescimento de fibroblastos a 0,1 mg/L, e fator de crescimento transformador в (TGF-в) a 0,002mg/L [42]. As perdas características são, por exemplo, 10-40 MT/ano de insulina e 1-4 kg/ano de TGF-в. Embora os preços unitários estimados com a Equação 2.12 sejam relativamente elevados, os factores de crescimento apenas contribuem com 3-4 dólares/kg de massa celular húmida a 100 kTA.

1.1.5. . Custos fixos

As despesas gerais das instalações são escalonadas para CAPEX e são aqui consideradas como 4% TCI/ano para manutenção (incluindo CIP) e 5% TCI/ano para seguros. A mão de obra é quantificada em termos de atenção do operador por lote, com base numa série de pressupostos de tarefa/tempo. Um salário de $50.000/ano para FTEs regulares é retirado do U.S. Bureau of Labor Statistics- Chemical Plant Operator; o salário do supervisor é 140% deste valor. Um encargo de mão de obra de 100% é adicionado ao custo total de mão de obra.

11.3. Resultados da análise

11.3.1. Estudo de caso de lotes federais

A Figura 2.6a apresenta um fluxograma de um processo concetual de cultura de células em regime de batelada alimentada. Para o exemplo detalhado apresentado a seguir, a instalação de cultura de células modelo foi concebida com biorreactores de produção de 24 x 20 m^3 e produz 6,8 kTA de massa celular húmida. As células são propagadas do laboratório através de um comboio de sementes para os bioreactores de produção. Após a colheita, a massa celular é desidratada até 20% de sólidos numa centrífuga de disco. Dois grandes tanques de meios de cultura ligados a esterilizadores HTST são partilhados entre os biorreactores para fornecer enchimento pré-inoculação. Um tanque dedicado mais pequeno, ligado a filtros de retenção estéreis, contém os meios pré-misturados que serão adicionados durante o lote.

A simulação em regime de batelada alimentada da Figura 2.4a é utilizada para dimensionar o equipamento e calcular o uso de meios e utilidades. Os custos do biorreactor são estimados com a Equação 2.9, enquanto os custos do restante equipamento e edifícios são estimados conforme descrito acima. É selecionada uma sala limpa de classe 8 para as áreas de cultura de células e de classe 6 para as áreas de laboratório. A soma do equipamento e dos edifícios dá uma TDC de $94 M. Os custos indirectos são deduzidos da TDC para obter uma TCI de $328M. Como encargo de capital anual, este TCI é equivalente a $48 M/ano, ou $12/kg de massa de células húmidas. Com um volume total de produção de 100 kTA, os macronutrientes (aminoácidos) contribuem com mais $19/kg e os micronutrientes (factores de crescimento) com $3/kg. Os consumíveis (membranas filtrantes), os serviços públicos (energia eléctrica da sala limpa) e a mão de obra (95 ETI totais) contribuem com um total de $3/kg. Estes custos de capital e de funcionamento estão resumidos no Quadro 2.2. O custo global de produção estimado para um processo de cultura de células em regime de batelada alimentada é de $37/kg de massa celular húmida.

A Figura 2.7 apresenta análises de sensibilidade para o processo de produção em lotes alimentados. O gráfico é colorido pelas contribuições individuais de CAPEX, OPEX, etc., e o limite superior da área colorida representa o COP total estimado. Na Figura 2.7a, os custos dos nutrientes desaparecem com um volume de produção extremamente elevado. Prevê-se um custo assintótico de ~$16/kg a 105 kTA. A 100 kTA, a substituição do hidrolisado a $2/kg e a repetição da simulação em regime de batelada alimentada com a Reação 2.6 reduz a contribuição dos macronutrientes em quase $16/kg, elevando o custo total para $22/kg. As oportunidades adicionais de redução de custos são limitadas. A Figura 2.7b indica que 24 bioreactores de produção são ideais numa única instalação; o custo de produção aumenta com >24 bioreactores porque a área da sala limpa cresce mais rapidamente do que o volume de processo que contém.

A Figura 2.7c apresenta a sensibilidade associada à dimensão do biorreactor de produção, indicando um volume ótimo de 50 m^3 . Com um volume maior, a redução da densidade celular final (devido a limitações de pCO2) supera os benefícios de custo de reactores maiores.

11.3.2. Estudo de caso de perfusão

Um PFD de um processo concetual de cultura de células baseado na tecnologia de perfusão é apresentado na Figura 2.6b. Os biorreactores de produção de $2m^3$ são inoculados através da expansão de células provenientes do laboratório através de biorreactores de semente de 125 e 500 L em modo de lote alimentado. Após a inoculação, o biorreactor de produção também funciona em modo de lote alimentado até 120 g/L. A esta densidade, a perfusão começa a um ritmo de 1,0/d (exigindo 2* filtros ATF 10) e a densidade de células retidas aumenta para 195 g/L, de acordo com a Figura 2.4c. Cada bioreactor de produção funciona com colheita contínua de células, exceto durante 10 paragens programadas (72 h cada) por ano. O tempo médio em estado estacionário é de -91% e são colhidos 9 kg/h de massa celular húmida de cada bioreactor. Para produzir 6,9 kTA (para corresponder ao processo em batelada alimentada acima), são necessários 96 bioreactores.

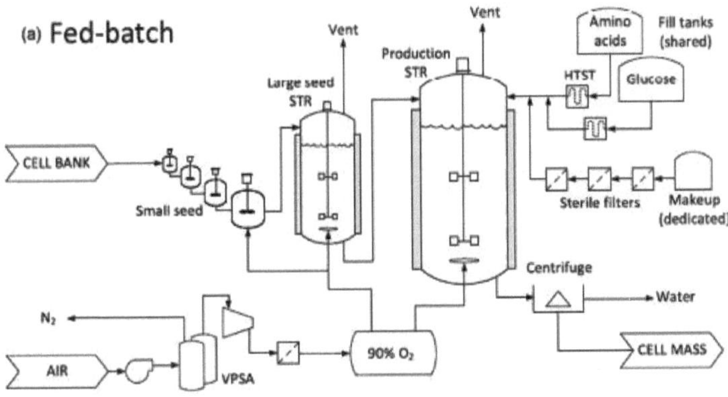

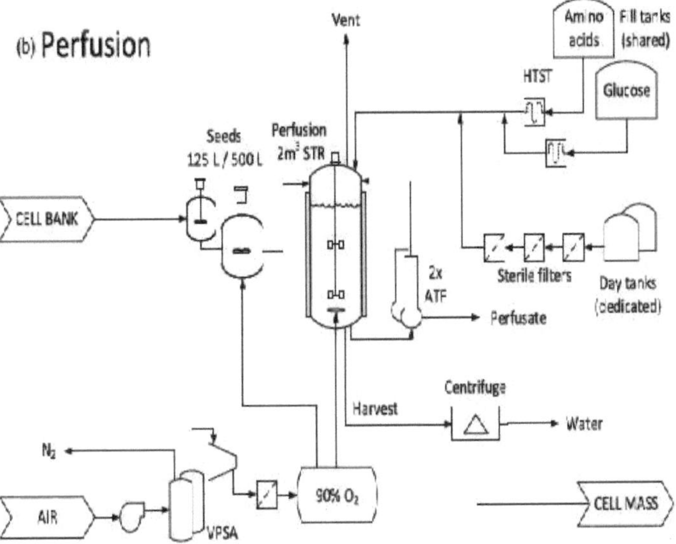

Fig.2.6. Diagramas de fluxo de processos conceptuais de cultura de células em massa. (a) Alimentação por lotes. (b) Perfusão [A figura a cores pode ser consultada em wileyonlinelibrary.com]

Os custos de equipamento e de construção são estimados como descrito anteriormente. Os tanques de aminoácidos a granel e de glucose são partilhados para o enchimento inicial de todos os biorreactores, e cada biorreactor de produção recebe dois tanques dedicados para conter 24 h de meios de composição cada. O custo dos dispositivos de perfusão ATF 10 foi retirado de Pollock et al. [26]. O TCI desenvolvido na Tabela 2.2 é de $663 M, dando um custo de capital anual de $97 M/ano ou ~$23/kg de massa celular húmida. Os custos dos macro e micronutrientes são semelhantes aos do processo em batelada alimentada, enquanto os custos dos consumíveis são significativamente mais elevados devido à substituição das membranas ATF (20 por bioreactor por ano a $16k cada). O processo de perfusão é também ligeiramente mais intensivo em termos de mão de obra do que o processo em descontínuo (132 ETI totais) e o seu custo global de produção é estimado em 51 dólares/kg de massa celular húmida.

A Figura 2.8 apresenta análises de sensibilidade para o processo de perfusão. O volume limitado, os custos directos relativamente elevados do bioreactor e os CAPEX e consumíveis associados ao dispositivo de perfusão apresentam desvantagens significativas. Os custos dos nutrientes podem ser minimizados assumindo um volume de produção global muito maior, como mostrado na Figura 2.8a, ou reduzidos em $16/kg substituindo o hidrolisado de baixo custo. A Figura 2.8b apresenta a sensibilidade à taxa de produção da instalação, observando um mínimo muito fraco em 3,5 kTA. A questão do custo divergente da sala limpa também está presente na perfusão, mas em grau muito menor. Num bioreactor de $2m^3$, é atingida uma densidade celular retida de 195 g/L a uma taxa de perfusão de 1,0/d, o que requer ATFs duplos. Com um único ATF e uma taxa de perfusão de 0,5/d, é possível reter 140 g/L de células. Como se mostra na figura 2.8c, os custos de capital e de consumíveis associados ao segundo ATF anulam o benefício económico de uma densidade mais elevada, de tal modo que o custo de produção a 195 g/L é dificilmente melhor do que a 140 g/L.

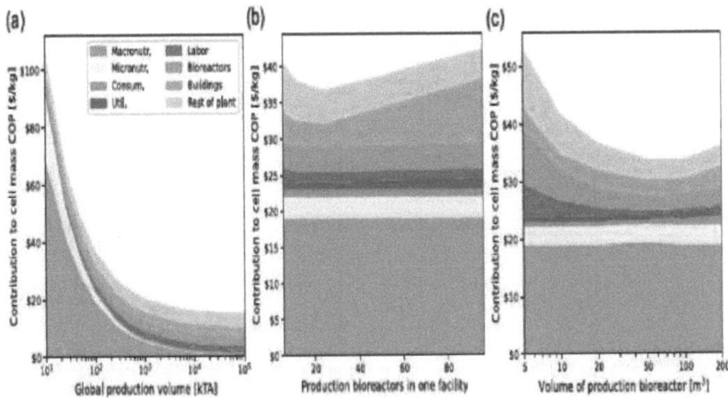

Fig.2.7. Sensibilidades COP previstas pelo modelo TEA em regime de batelada alimentada. (a) 24 x 20m^3 biorreactores com um volume de produção global crescente. (b) Número variável de biorreactores de 20m^3 numa única instalação, a 100 kTA. (c) Variação do volume do biorreactor de produção (24x). COP, custo de produção [A figura a cores pode ser consultada em wileyonlinelibrary.com]

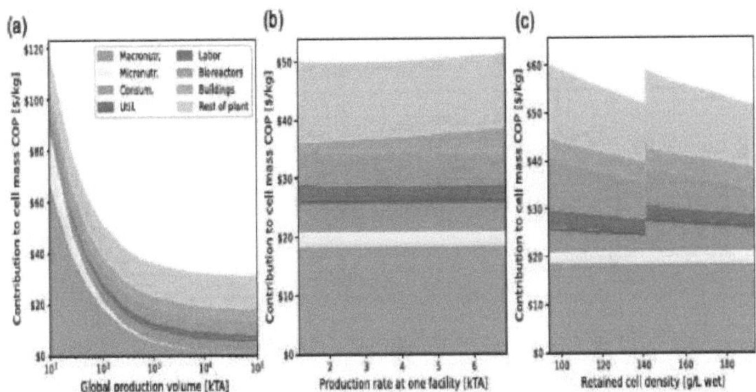

Fig.2.8. Sensibilidades COP previstas pelo modelo TEA de perfusão. (a) Produção de 6,9 kTA numa única instalação com um volume de produção global crescente. (b) Variação da taxa de produção (i.e., número de bioreactores) numa única instalação, a 100 kTA. (c) Aumento da taxa de perfusão e da densidade celular. A >1,0/d (140 g/L), é adicionado um segundo filtro ATF. ATF, fluxo tangencial alternado; COP, custo de produção [A figura a cores pode ser consultada em wileyonlinelibrary.com]

Tabela 2.2. Estimativas da TEA para a produção de massa celular em massa por lotes alimentados ou perfusão

	Fed-batch	Perfusão

Taxa de produção (kTA)	6.8	6.9
Volume total do bioreactor (m3)	649	197
Total de ETI	95	132
Custos de capital		
Bioreactores de produção	$34M	$83M
Bioreactores de sementes	$23M	$9M
Equipamento de perfusão	-	$89M
Preparação dos meios de comunicação	$17M	$41M
Desidratação	$4M	$2M
o2 PSA	$21M	$19M
CIP	$10M	$9M
Outros equipamentos	$22M	$43M
Sala limpa de produção	$40M	$49M
Sala limpa de laboratório	$4M	$3M
Outros edifícios	$5M	$13M
Custo direto total	$178M	$360M
Engenharia e construção	$107M	$216M
Honorários e contingências	$43M	$86M
Investimento de capital total	$328M	$663M
Contribuintes do custo de produção ($/kg)		
Macronutrientes	$19	$18
Micronutrientes	$3	$3
Consumíveis	$1	$5
Utilidades	$1	$1
Trabalho	$1	$2
CAPEX do bioreactor	$4	$6
CAPEX de perfusão	-	$6
Edifícios CAPEX	$3	$4
CAPEX do resto da fábrica	$5	$7
Custo total de produção	$37	$51

11.4. Conclusões e debate

Para atingir um mercado de 100 kTA, ou dez milhões de consumidores que consomem 10 kg/ano, deve assumir-se que a carne de cultura atingiu pelo menos o estatuto de aceitação de preço de um alimento "por vezes" razoavelmente acessível. Para estabelecer um limiar na métrica subjectiva de acessibilidade, esta análise apresenta um objetivo de ~$25/kg de matéria celular animal húmida produzida numa fase de crescimento em massa. Após o processamento, a embalagem, a distribuição e o lucro, os produtos não estruturados feitos 100% de massa celular a granel a 25 dólares/kg podem atingir um mínimo de 50 dólares/kg no supermercado: O preço de um corte de carne de primeira qualidade, pago em vez de um produto do tipo carne picada ou nugget. Acima deste custo, a substituição da carne convencional pela cultura de células pode ser mensurável, mas cada vez menos significativa.

Embora ambas as estimativas acima descritas excedam este limiar, um processo em regime de batelada alimentada poderia ser potencialmente reduzido para menos de 25 dólares/kg com meios de hidrolisado de baixo custo. O mesmo não acontece com o processo de perfusão, que tem custos de capital e custos fixos dependentes do capital que estão muito acima do objetivo. Não existem atualmente hidrolisados adequados para meios de cultura de células inteiras e não suplementados e as afirmações sobre a sua adequação e preço finais são algo especulativas. Recorde-se ainda que ambos os processos foram examinados com um metabolismo celular significativamente melhorado em relação a uma linha celular de tipo selvagem, o que implica uma extensa caraterização, desenvolvimento de processos e engenharia metabólica. A partir da modelação acima descrita, pode concluir-se que a eficiência metabólica e o desenvolvimento de meios de hidrolisado de baixo custo podem ser considerados como condições necessárias, mas insuficientes, de acessibilidade económica. A redução do custo de capital é, na melhor das hipóteses, uma condição secundária.

III. Aplicação de métodos de análise da textura para a caraterização da carne de cultura
111.1.Introdução

A população mundial está a aumentar, prevendo-se que atinja 9,77 mil milhões de habitantes em 2050. A procura de proteínas animais continua a aumentar devido a este aumento da população e aos novos hábitos de consumo dos países em desenvolvimento, enquanto a produção de carne animal, o maior produtor de proteínas, lida com preocupações de sustentabilidade (por exemplo, produção de emissões de gases com efeito de estufa, bem-estar animal, agentes patogénicos de origem alimentar...) [43]. Todos estes factores estão a criar uma enorme procura de produtos alimentares alternativos que satisfaçam as necessidades de ingestão de proteínas dos consumidores.

De acordo com a FAO (Organização das Nações Unidas para a Alimentação e a Agricultura), nos seus dados sobre o fornecimento de proteínas per capita mapeados por país, a população mundial consome em média 70 g de proteínas por pessoa e por dia [44]. Para satisfazer esta elevada procura de proteínas a nível mundial, a produção global de carne continua a crescer, e a FAO estimou que 337,2 milhões de toneladas de carne foram produzidas em 2021 [45].

O mercado das proteínas alternativas está, por conseguinte, a registar um rápido crescimento. A indústria alimentar está à procura de produtos proteicos alternativos, enquanto muitos inovadores alimentares estão a explorar novas formulações para ter impacto na cadeia de abastecimento de proteínas existente. Exemplos destas alternativas são os produtos à base de plantas, os insectos e as proteínas de algas. Além disso, as tecnologias de transformação estão a melhorar a um ritmo incrível, como as estratégias de texturização, que pretendem imitar a sensação e o sabor destes produtos, aproximando-se da experiência sensorial tradicional da carne.

Outra proteína alternativa proposta, a carne de cultura ou carne cultivada, o método de produção de proteína animal através da cultura de células num ambiente controlado, ajudará a satisfazer a procura de proteína animal por parte destes consumidores, que não será sustentada pela agricultura industrial [46, 47]. Esta procura, segundo as Nações Unidas, o Banco Mundial e a AT Kearny Analysis, será satisfeita pela carne de cultura (35%), pela substituição da carne vegetal (25%) e pela carne convencional (40%) até 2040 [48].

As alternativas de carne propostas têm uma vasta gama de sabores e texturas, com diferentes formas (peças inteiras e picadas, por exemplo), e podem ser ingeridas sozinhas ou adicionadas a várias receitas, massas, sopas, saladas... Mas todos eles devem obedecer a determinados critérios para poderem ser transformados e terem aptidão para serem cozinhados. Para além disso, a adequação pode também ser influenciada pelo aspeto do substituto de carne, bem como pelo seu sabor e textura.

Para o desenvolvimento de novos alimentos, devem ser utilizadas técnicas de caraterização que ajudem a simular e a imitar a textura tradicional da carne. Estas ferramentas poderiam facilitar a integração de alternativas à carne em receitas já existentes e acelerar a aceitação dos clientes através da aquisição de atributos inatos semelhantes aos dos produtos tradicionais.

No caso específico da carne de cultura, até à data não existe uma descrição experimental das suas propriedades mecânicas e/ou do seu comportamento textural. A única informação disponível descreve as alterações teóricas que poderiam ser esperadas com base na sua natureza de produção [49].

Estas propriedades sensoriais derivam das características moleculares do produto e, como a carne cultivada ainda está a dar os primeiros passos, o estudo e a compreensão das suas propriedades são de extrema importância para criar conhecimento sobre a elaboração desta nova proteína alternativa em produtos.

Parte das propriedades fundamentais dos alimentos destinados ao consumo oral baseia-se no seu desempenho mecânico quando mastigados e na reologia da matriz a ser formada num bolo [50].

Por conseguinte, entre os vários métodos de textura disponíveis para a caraterização de propriedades específicas da carne, propomos aqui a utilização da análise do perfil de textura (TPA) para determinar as propriedades da carne cultivada [51, 52].

A análise do perfil de textura baseia-se num teste de compressão mecânica dupla para fornecer informações sobre o comportamento das amostras quando mastigadas. A principal vantagem do TPA é o facto de muitos parâmetros poderem ser obtidos com um ciclo de compressão duplo. Por exemplo, a dureza, a elasticidade, a coesividade, a mastigabilidade, etc., e as combinações destes parâmetros podem dar origem a informações sobre outros, por exemplo, a dureza, a elasticidade e a coesividade permitem calcular a mastigabilidade. Mas o carácter textural da carne não é dado apenas pela compreensão de um atributo singular, como a dureza, a elasticidade ou a coesividade, a textura está também relacionada com as sensações sensoriais que os consumidores esperam ao provar esse tipo de alimento [53].

O aparelho de Wamer-Bratzler foi também utilizado para a caraterização mecânica de amostras de alimentos. Consiste numa "lâmina" dentada em V que exerce um movimento de corte por cisalhamento sobre um cilindro da amostra. Em contraste com o teste de dupla compressão (TPA), esta técnica simula melhor o efeito de corte do que o de mastigação. Embora estes sejam dois métodos aceites e válidos para a avaliação mecânica dos alimentos, Novakovic afirmou que o TPA é mais adequado para a carne crua [54].

A reologia é especialmente indicada para a caraterização de materiais viscoelásticos; fornece o comportamento de cisalhamento da amostra que é complementar à caraterização da TPA. Os primeiros estudos reológicos de carnes e enchidos datam dos anos 70, assim como a aplicação desta técnica a outros alimentos como os lacticínios [55].

Estes dados podem ser utilizados para compreender o comportamento viscoso do material. Além disso, o comportamento do fluxo é fundamental para o processamento de alimentos, por exemplo, para os processos de extrusão [56].

Neste sentido, a carne cultivada despertou grande interesse para o processamento da carne, uma vez que permite a possibilidade de replicar não só as propriedades de textura, mas também a aparência da carne [57, 58].

A caraterização reológica forneceria a informação necessária para controlar tanto o processo de fabrico como as características do produto final.

A TPA, combinada com testes reológicos, pode quantificar múltiplos parâmetros de textura e, sendo uma abordagem instrumental reprodutível, consome menos tempo e é menos dispendiosa quando comparada com uma avaliação de textura por painel sensorial. Aqui, apresentamos um estudo comparativo das propriedades texturais e reológicas de diferentes tipos de carne versus uma salsicha feita com carne de cultura, provando que é um método útil para compreender melhor as características da carne de cultura.

111.2. Materiais e métodos

111.2.1.   Preparação da amostra

Foram seleccionadas diferentes amostras de carne para uma comparação exaustiva das propriedades mecânicas entre carne natural, processada e de cultura: (1) salsichas comerciais processadas do tipo Frankfurt (salsicha), (2) peito de peru processado cortado a frio (peru), (3) peito de frango cru não processado (NP Chicken) e (4) salsicha do tipo Frankfurt feita de carne de cultura (BTF-CM). Todas as amostras foram adquiridas em mercados locais espanhóis. A carne de cultura foi fornecida pela Biotech foods S. L. (San Sebastian, Espanha). Nenhum destes produtos foi congelado e foram mantidos a 4° C. Durante o armazenamento, foram tomadas precauções especiais para garantir que as amostras não perdiam o seu teor de humidade original, especialmente no caso do frango não transformado. Antes dos testes, as amostras foram retiradas do frigorífico e mantidas à temperatura ambiente durante 1 h. As amostras foram cortadas em sondas cilíndricas, primeiro moldadas com um punção de 8 mm, como se mostra na Fig. 3.1 em cima. Em seguida, as amostras foram cortadas com a espessura desejada, utilizando um modelo de placa de metacrilato com a mesma espessura da amostra final e com um orifício cilíndrico com o diâmetro da sonda final: a peça cilíndrica de material a testar foi inserida no orifício da placa e a espessura da amostra foi reduzida fazendo deslizar sobre ela uma lâmina de micrótomo (Fig. 3.1 centro). A parte da amostra sob a lâmina tinha a mesma espessura que a placa.

O processo de fabrico das amostras foi mais fácil e mais consistente com os alimentos transformados. O peito de frango apresentou algumas dificuldades devido à orientação das fibras e à humidade. Para este produto, apenas áreas uniformes e contínuas foram consideradas para amostragem; arestas, gordura e outras imperfeições foram imediatamente descartadas. A figura 3.1 em baixo mostra imagens correspondentes a exemplos de amostras testadas para todos os produtos comparados neste trabalho. Para cada material, pelo menos seis amostras foram estudadas com TPA e cinco amostras foram utilizadas para experiências reológicas.

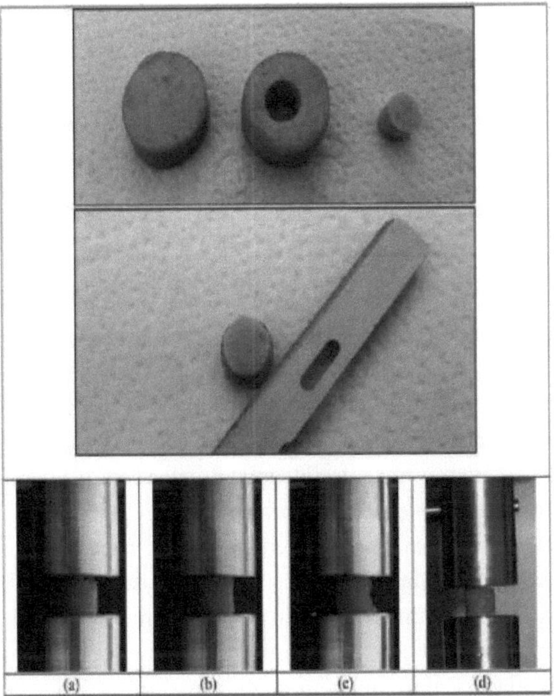

Fig. 3.1. (Em cima) Processo de obtenção das amostras. Obtenção de um cilindro com um punção de 8 mm e colocação no aparelho para fixar a sua espessura, cortando-o com a espessura desejada. O exemplo de processo apresentado corresponde a uma salsicha. (Em baixo) As imagens correspondem a amostras testadas de salsicha tipo Frankfurt (a), peru transformado (b), frango

não transformado (c) e salsicha tipo Frankfurt de carne de cultura (d).

111.2.2.   Análise do perfil de textura (ensaios de compressão).

O ensaio de Análise do Perfil de Textura (TPA), como já foi referido, consiste em aplicar dois ciclos de deformação a uma amostra do material a estudar. Entre estes dois ciclos de compressão, a amostra repousa durante um certo tempo. A primeira coluna da Fig. 3.2 mostra um diagrama do que acontece durante o ensaio TPA. A parte superior mostra o ciclo de deformação aplicado e a parte central mostra a força com que o material responde. Neste segundo diagrama, pode ver-se que a força com que o material responde é menor no segundo ciclo. As expressões matemáticas na parte inferior da figura correspondem (1) à tensão mecânica sofrida pelo material em função da força aplicada e da secção transversal da amostra, (2) à deformação adimensional do material em função da altura inicial da amostra e da retração produzida num instante do ensaio e, finalmente, (3) ao módulo de elasticidade, ou também chamado módulo de Young, como relação entre a tensão e a deformação.

A análise da resposta dos materiais permite a obtenção de numerosos parâmetros, mas neste trabalho serão considerados os seguintes:

• O módulo de Young obtém-se ajustando a parte linear da força-deslocamento aplicada pelo provete a uma equação linear. O declive desta equação corresponde ao módulo de Young ou rigidez. Os materiais rígidos têm módulos elevados e vice-versa.

• A dureza é obtida através da observação da carga máxima atingida durante o primeiro ciclo de deformação (F_1). Está relacionada com a rigidez do material.

• A coesão corresponde à relação entre a área sob a curva tempo/força durante o segundo ciclo ($A_5 + A_6$) dividida pela área durante o primeiro ciclo ($A_3 + A_4$). Este parâmetro está relacionado com a consistência do material. Se o material suportar o primeiro ciclo sem se desintegrar, o valor será próximo de 1, mas se se desintegrar completamente, será próximo de zero.

• A elasticidade corresponde ao rácio entre o tempo necessário para o material atingir a carga máxima desde que começa a deformar-se no segundo ciclo (t_2) e o tempo necessário para o primeiro ciclo (t_1). Este parâmetro está relacionado com a recuperação do material e com as suas propriedades viscoelásticas.

• A mastigabilidade é um parâmetro obtido multiplicando a dureza vezes a coesividade vezes a elasticidade. Está relacionado com a facilidade com que um material pode ser mordido.

• A resiliência é calculada dividindo a área do curso ascendente (A_3) pela área do curso descendente (A_4) do primeiro ciclo de compressão. Está relacionada com a deformação plástica do material. Se o material não se deformar plasticamente, o seu valor será um, mas se o material não recuperar a sua forma após o primeiro ciclo de compressão, o seu valor aumentará.

O TPA foi efectuado numa máquina universal de ensaios uniaxiais (ZwickiLine Z1.0, ZwickRoell GmbH & Co. KG, Ulm, Alemanha). A Figura 3.2 (em baixo) mostra a configuração experimental utilizada para a TPA, à esquerda. Para medir a força produzida pelas amostras, a célula de carga utilizada foi uma Zwick/Roell Xforce P de 50 N. O software para controlar a máquina e registar os dados foi o Zwich/Roell testXpert III v1.4. Para determinar o contacto inicial entre os pratos de compressão e a amostra, foi utilizado um limiar de carga de 0,01 N, ou seja, quando é detectada uma carga de 0,01 N, o ensaio inicia-se automaticamente. Durante a carga, a cruzeta da máquina desloca-se a 3 mm/s para baixo, comprimindo a amostra até ser atingida uma deformação de 0,5, ou seja, 50% do seu comprimento original. Este processo de carga demora menos de um segundo. Este tempo é semelhante ao período típico de uma dentada padrão [59].

Quando a deformação máxima é atingida, o movimento é invertido, mantendo a velocidade, para a posição original. Este ciclo é seguido de uma pausa de 1 s e o segundo ciclo repete o padrão do primeiro.

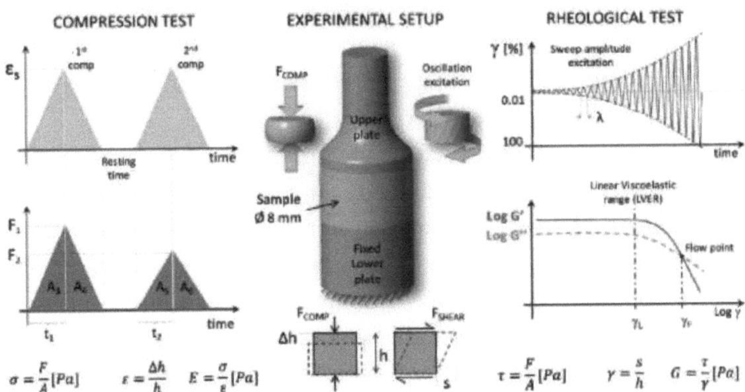

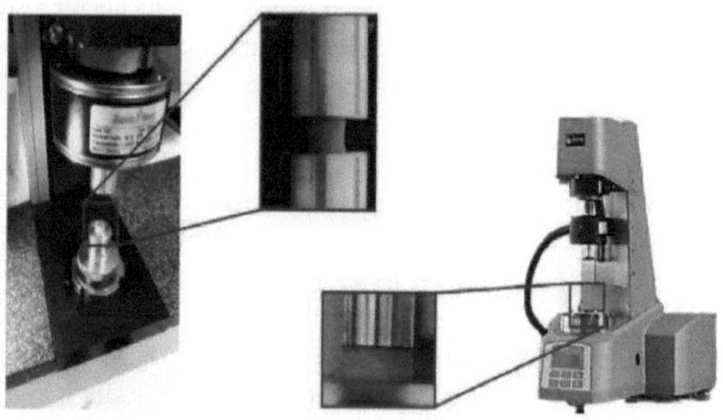

Fig 3.2. (Em cima) Representação esquemática de ambos os ensaios: análise do perfil de textura e
reologia. Instalação experimental constituída por duas placas paralelas, que suportam a
amostra (com o mesmo diâmetro (8 mm) para a reologia). São apresentados os perfis de excitação e
a resposta teórica da amostra (parâmetros-chave). (Em baixo) Imagens representativas
das configurações utilizadas para TPA (esquerda) e reologia (direita). As imagens seleccionadas são de
salsichas tipo Frankfurt.

1.1.3. 3. Caracterização reológica.

A análise reológica consiste em aplicar uma tensão de cisalhamento a uma amostra cilíndrica colocada entre duas placas paralelas. A placa inferior é fixa, mas a placa superior roda enquanto o instrumento pode medir a resposta da amostra à deformação de cisalhamento. Normalmente, a deformação é definida para valores específicos, enquanto o instrumento mede o binário aplicado para obter essas deslocações. Estes valores fornecem a tensão de cisalhamento do material para uma gama de velocidades e deformações. A amostra e as placas devem ter A caraterização reológica foi realizada num reómetro (MCR 301, Anton Paar GmbH) equipado com placas paralelas (diâmetro de 8 mm, intervalo de 3±0,1 mm). Foram efectuados testes de varrimento de amplitude (0,01-100% Gamma, 10 Hz) nas amostras recentemente preparadas. Este ensaio fornece informações sobre o módulo de cisalhamento complexo (G*), tendo em conta os dois parâmetros principais: módulo de armazenamento (G') e módulo de perda (G"). Estes parâmetros (como a Fig. 3.2 em baixo mostra a configuração experimental utilizada para a caraterização reológica no lado direito. uma função da amplitude de deformação) permitem a análise do comportamento elástico e viscoso da amostra sob tensão de cisalhamento.

A Figura 3.2 mostra também a configuração experimental dos ensaios reológicos: a excitação oscilatória de cisalhamento e a resposta da amostra em função da amplitude de deformação (y). Os ensaios de varrimento de frequência (no LVER, 0,1%, 0,1 a 100 rad/s) foram descartados devido ao comportamento elástico dominante das amostras (a falta de fluidez e a baixa viscosidade). Apesar de este ensaio ser obrigatório para a análise de cisalhamento ou de espessamento [60], os materiais estudados neste trabalho comportam-se apenas como sólidos elásticos. O intervalo viscoelástico linear (LVER) foi determinado como o intervalo de deformação (o máximo y) a partir do qual G' apresenta uma variação relativa de no máximo 5%. Tomou-se como referência a norma ISO 6721-10, embora outras normas utilizem uma variação relativa máxima de 10%. Todos os ensaios foram realizados à temperatura ambiente e registados para análise posterior. Não foi aplicada qualquer força normal às amostras, uma vez que esta induzia artefactos a baixa tensão (dados não fornecidos): foi utilizada a força de compressão mínima para assegurar uma adesão adequada da amostra a ambas as placas.

Foram testadas diferentes espessuras antes da análise de comparação de amostras para avaliar o desempenho da amostra em condições de cisalhamento, aderência, efeito de parede, deslizamento, etc. Estes efeitos são críticos no caso de fluidos viscoelásticos, mas não tanto em materiais sólidos elásticos ou viscoelásticos. Normalmente, para os líquidos viscoelásticos (géis, cremes, pastas, etc.), a espessura recomendada é de 0,5 a 1 mm. No entanto, de acordo com estudos anteriores [61,62], uma espessura de amostra demasiado pequena pode dar origem a artefactos e efeitos indesejáveis. Além disso, neste estudo foram testadas amostras com 1, 3 e 5 mm de espessura, não se observando diferenças significativas no seu desempenho (dados não fornecidos). A preparação de amostras de carne finas e uniformes de forma consistente é um grande desafio, pelo que foi selecionada uma espessura de 3 mm para todas as amostras. Durante o ensaio oscilatório de amplitude de varrimento, foi observada uma perda de aderência em deformações elevadas ($\sim < 10\%$) em todas as amostras. o mesmo diâmetro, assegurando um contacto adequado entre elas.

1.1.4. 4. Análise estatística

O Rstudio [63] foi utilizado para efetuar a análise estatística. A análise de variância (ANOVA) foi efectuada em primeiro lugar para avaliar o conjunto completo dos dados. Estes resultados mostram se há pelo menos um grupo significativamente diferente dos outros, mas não especificamente qual. Estes dados fornecem uma visão sobre a gama de todos os tipos de carne.

Por último, é preferível utilizar o teste t-student para obter um significado estatístico quando se compara a carne de cultura com grupos de carne específicos (com as mesmas características), como neste trabalho. No nosso caso, efectuámos uma comparação entre a amostra de carne de cultura e os três tipos diferentes de carnes de referência para analisar as suas diferenças. Os valores de p inferiores a 0,01 foram considerados significativos.

111.3. Resultados e discussão
111.3.1. Análise do perfil de textura

A figura 3.3 mostra o gráfico de caixa de todos os parâmetros mencionados anteriormente obtidos nos testes de TPA (N > 6). A análise estatística destes dados concluiu que, para todos estes seis parâmetros, a análise ANOVA para o conjunto completo de dados foi muito significativa (p < 0,0001). Isto revela que pelo menos um dos grupos se encontrava numa gama diferente da dos outros produtos. A comparação da carne de cultura com cada grupo comercial também foi significativa para a maioria das propriedades e tipos de carne considerados (assinalados na figura como valores de p < 0,01 *; < 0,001 **; < 0,0001 ***).

Analisando a dureza relacionada com a primeira dentada a partir dos valores representados na Fig. 3.3a, as salsichas de Frankfurt, tanto a comercial como a preparada com carne de cultura, apresentam valores semelhantes, não se podendo dizer estatisticamente que haja diferença entre elas. Como era de esperar, estes valores diferem significativamente dos do peru cortado a frio e do frango fresco. É de notar que, nas salsichas de Frankfurt, todos os componentes fibrilares e macromoleculares da carne são quebrados, eliminando todas as propriedades texturais inatas da carne inicial. O parâmetro de dureza pode estar associado à sensação da primeira dentada, pelo que é fundamental na perspetiva do consumidor final.

A análise da coesividade mostrou que o frango não transformado apresenta o valor mais baixo. Isto pode ser explicado pelo facto de este material não homogéneo e fibroso se degenerar parcialmente durante a experiência. Do mesmo modo, a salsicha de Frankfurt de carne de cultura também apresenta um valor relativamente baixo, semelhante ao do frango, devido a uma possível desagregação durante o ensaio. Este facto poderia explicar por que razão, embora a salsicha de Frankfurt de carne de cultura pareça ser um material mais rígido, a sua dureza não é muito superior à dos outros materiais considerados.

Os produtos comerciais processados, como a análise de coesão, mostraram que o frango não processado apresentou o valor mais baixo. Este facto pode ser explicado pelo facto de as salsichas e o peru apresentarem valores próximos de 1, o que indica que não se desagregam durante os testes e que são mais elásticos.

Considerando os valores obtidos para a mastigabilidade, a salsicha de Frankfurt de carne cultivada apresenta valores entre os da carne de peru processada e da carne de frango não processada. Isto indica que a mastigabilidade está dentro da gama dos outros materiais estudados.

A análise do módulo de Young foi o parâmetro que mostrou as maiores diferenças entre a salsicha de Frankfurt de carne de cultura estudada e os produtos de carne tradicionais. A salsicha de Frankfurt comercial apresenta valores de rigidez mais elevados do que o peru, e o peru é mais rígido do que o frango não processado, mas os valores mostram módulos de ordem de grandeza semelhantes. No entanto, a salsicha de Frankfurt preparada com carne de cultura apresenta um valor significativamente mais elevado do que a salsicha comercial, o que sugere que o processo de preparação dá origem a um produto mais rígido. Embora não seja fácil associar este parâmetro de engenharia a uma sensação sensorial, esta é uma forma muito útil de compreender quais as possíveis modificações que podem ser feitas nas estratégias de processamento da carne para obter valores semelhantes aos já aceites pelos consumidores.

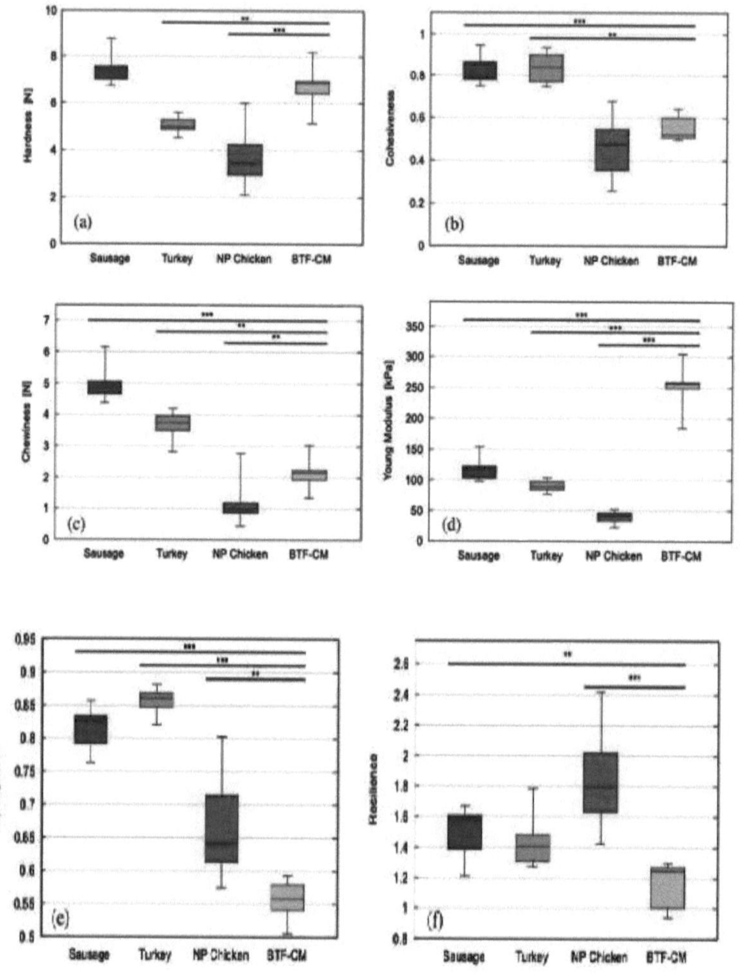

Fig. 3.3. Box plot da dureza (a), coesividade (b), mastigabilidade (c), módulo de Young (d), elasticidade (e) e resiliência (f) das três referências tradicionais de carne e da carne cultivada (valores de p < 0,01 *; < 0,001 **; < 0,0001***).

O valor da elasticidade dá uma ideia do tempo que o material demora a recuperar a sua forma e propriedades após a compressão. O valor deste parâmetro para a salsicha de Frankfurt preparada com carne de cultura é inferior ao da salsicha comercial e ao do peru transformado, mas situa-se num intervalo semelhante ao do frango fresco (0,61 vs. 0,54), o que indica que é mais sensível à velocidade de deformação e, por conseguinte, é aparentemente mais viscoso do que os outros.

A resiliência dos materiais estudados é comparável em todos os casos, exceto no caso da carne de frango não processada, que apresenta valores significativamente mais elevados. Isto indica que a carne de frango se deforma permanentemente após o primeiro ciclo de carga. Isto deve-se à sua natureza não homogénea que, em muitos casos, resulta na delaminação das amostras.

Vale a pena notar que a dispersão nos resultados tem, em geral, valores mais baixos no caso do peru processado. Uma razão possível é o elevado grau de homogeneidade do material. Pelo contrário, as dispersões mais elevadas foram obtidas para a carne de frango não transformada. Esta dispersão é devida à heterogeneidade do material não transformado. As amostras de salsicha e de carne de cultura apresentaram, em geral, dispersões intermédias. Previa-se que as propriedades organolépticas da carne de cultura fossem diferentes das da carne tradicional. A carne tradicional provém de um tecido muscular complexo formado principalmente por fibras musculares (90%) (feixes de fibras, miofibras...), tecido coiiiiective (10%) (endo-, peri- e epimísio) e, em menor grau, por tecido adiposo, vascular e nervoso. A transição do músculo para a carne ocorre durante a fase post-mortem e a maturação sucessiva sob um controlo preciso de diferentes parâmetros, como o tempo, a temperatura, o pH, o stress. Durante este processo, a carne adquire uma série de características únicas em termos de aroma, cor, sabor e textura [49].

A carne cultivada ainda é obtida principalmente a partir da produção de tecido muscular por células, e o seu desenvolvimento organolético após a cultura celular está a ser estudado. Dados futuros sobre a sua transformação dependente do tempo, da temperatura e do pH seriam de grande importância para complementar os resultados aqui apresentados.

É difícil fazer uma análise comparativa deste conjunto de dados com trabalhos anteriores, uma vez que, até à data, não existem dados disponíveis sobre carne cultivada e, quando se referem os nossos valores a outros estudos tradicionais sobre carne, a literatura apresenta uma elevada dispersão de valores, devido a diferentes origens das amostras, preparação das amostras, cozinhado vs não cozinhado, armazenamento, etc. ....

A maioria dos estudos utiliza a análise da textura para avaliar o efeito de aditivos ou de diferentes formulações no produto final, ou para avaliar as diferenças entre amostras cruas e cozinhadas. No entanto, há algumas observações interessantes que podem ser feitas comparando as propriedades mecânicas dos dados apresentados com os dados publicados.

A coesividade e a elasticidade do frango cru não transformado apresentam valores comparáveis aos relatados na bibliografia [64, 65].

Os dados encontrados na literatura são consistentes com a comparação de salsichas, o parâmetro de dureza é mais elevado depois de a carne ser cozinhada, e a coesão e a elasticidade diminuem [52, 66].

111.3.2.   Caracterização reológica

A Figura 3.4 representa o valor médio $(N \geq 5)$ do módulo de armazenamento (G') e do módulo de perda (G'') em função da amplitude de deformação em escala logarítmica. Todas as amostras apresentam um comportamento semelhante, em que G' é significativamente superior a G'' para deformações inferiores a cerca de 5%. Todas as amostras apresentam um patamar inicial para ambos os parâmetros até diminuírem os seus valores. No entanto, este efeito é causado pelo deslizamento da amostra na placa inferior, e não devido à mudança de comportamento de sólido para líquido. Mesmo que os gráficos mostrem um ponto de fluxo (onde as curvas de G' e G'' se cruzam), as amostras foram conservadas intactas. Assumindo estas limitações, o LVER calculado para as amostras é de 0,14, 0,33, 1,5 e 0,15%, respetivamente. Embora não haja muita informação sobre este tipo de análise na bibliografia, outro estudo semelhante com análogos de carne mostrou o mesmo comportamento das amostras [67].

A Figura 4.5 mostra o gráfico de caixa do módulo de armazenamento (G'), módulo de perda (G''), módulo de cisalhamento complexo ($|G*|$) e o rácio entre G''/G' como tan (6) no LVER. Estes valores foram calculados a partir de cada medição como a média dos valores de patamar de ambos os parâmetros G' e G''. G* e tan(6) foram então calculados em conformidade $(N \geq 5)$.

$$G' = \frac{\sum_{\gamma_0}^{\gamma_L} G'_\gamma}{n_\gamma} \tag{3.1}$$

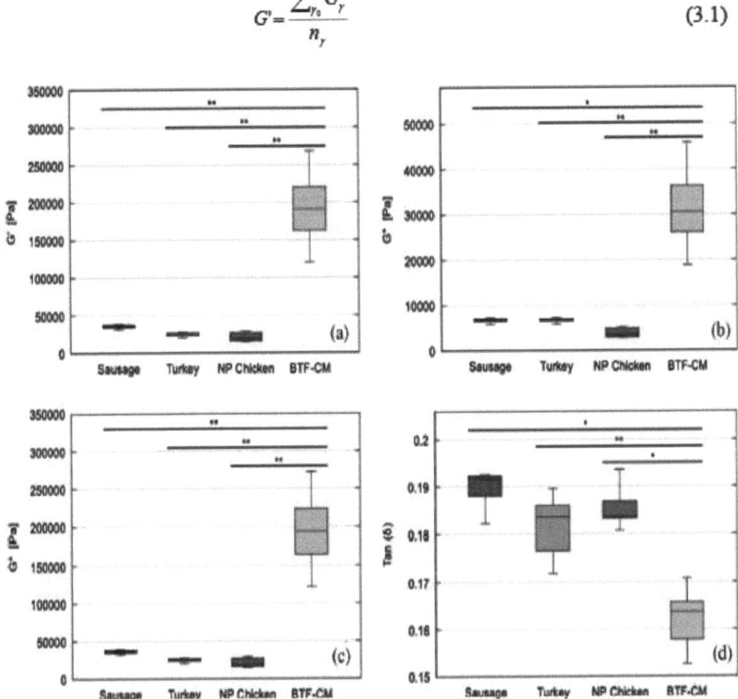

Fig. 2.5. Gráfico de caixa do **(a)** módulo de armazenamento (G'), **(b)** módulo de perda (G''), **(c)** módulo de cisalhamento complexo G* e **(d)** tan (δ) das três referências de carne e da carne cultivada (valores de p < 0,01 *; < 0,001 **; < 0,0001 ***).

$$G'' = \frac{\sum_{\gamma_0}^{\gamma_L} G''_\gamma}{n_\gamma} \tag{3.2}$$

em que γ_L, limite de deformação para o LVER, n_γ = número de medições no LVER.

$$\left| G^* \right| = \sqrt{G'^2 + G''^2} \tag{3.3}$$

$$tag(\delta) = \frac{G''}{G'} \tag{3.4}$$

A análise estatística destes dados concluiu que, para todos estes quatro parâmetros, a análise ANOVA para o conjunto completo de dados foi muito significativa (p < 0,0001). Mais uma vez, este facto revela que pelo menos um dos grupos se encontrava numa gama diferente da dos outros produtos.

A comparação da salsicha de carne cultivada com cada grupo comercial também foi significativa para cada parâmetro (marcado na figura como valores de p < 0,01 *; < 0,001 **; < 0,0001 ***). A partir da análise reológica, pode-se observar que os valores e tendências dos testes de amplitude de varredura confirmam que as amostras apresentam um comportamento elástico e, consequentemente, podem ser descritas como materiais viscoelásticos sólidos. O módulo de armazenamento é muito mais elevado do que o módulo de perda para deformações no LVER e, por conseguinte, o rácio G"/G' (tan(S)) é muito baixo, na gama de 0,15 a 0,2. Apesar das diferenças na sua origem ou no seu processo de preparação, o comportamento mecânico das amostras é bastante semelhante. Especificamente, as salsichas de Frankfurt de carne comercial e de cultura são feitas de carne moída e cozinhada, o peito de peru processado mantém parcialmente a estrutura e a orientação das fibras (é uma fusão de vários pedaços de peito) e também é cozinhado, o peito de frango não é processado e está cru. Todas as amostras deslizam da placa inferior antes de quebrar a estrutura interna ou o fluxo. Este efeito ocorreu em todas as medições reológicas, independentemente da espessura. Isto significa que a estrutura interna é mais forte

do que a força de adesão às placas. Podem ser utilizadas placas de elevada rugosidade em vez das placas normais jato de areia para garantir uma melhor aderência e um deslizamento posterior, mas tal não fornecerá qualquer informação adicional. A aplicação de força normal deve ser evitada para aumentar a aderência da amostra, uma vez que introduz uma deformação complexa na amostra, dificultando uma análise de cisalhamento precisa.

Como estas amostras apresentam um forte comportamento elástico, não é útil analisar outros parâmetros reológicos ou o estudo de como a velocidade de deformação afecta o comportamento mecânico das amostras (ensaio de varrimento de frequência). No nosso caso, é de esperar que não haja alterações no módulo de cisalhamento com quaisquer variações das condições experimentais. De facto, as amostras exibem valores G' e G" horizontais uniformes e constantes para a gama de frequências analisada. Os resultados da Fig. 3.5 confirmam que a salsicha preparada com carne de cultura apresenta o módulo de cisalhamento mais elevado, representado por $|G^*|$, bem como os valores mais elevados de G' e G". Além disso, a salsicha comercial apresenta os valores de cisalhamento mais elevados das amostras comerciais, enquanto o frango cru apresenta os valores mais baixos. O teor de água pode explicar este comportamento, uma vez que diminui o efeito das fibras do músculo do peito. O facto de o deslizamento da amostra ter ocorrido com uma deformação mais baixa no frango do que no resto também apoia esta hipótese.

Os resultados correspondentes à tan(8) mostram uma perspetiva diferente da comparação do comportamento mecânico das amostras. A salsicha preparada com carne de cultura apresenta o rácio mais baixo, enquanto as outras amostras são semelhantes em valores e desvios. Quanto menor a tan(8), maior a diferença entre o comportamento elástico e viscoso, ou seja, quanto mais elástico o material e menos viscoso. No entanto, todas as amostras apresentam a mesma ordem de grandeza, o que significa que a caraterística da textura em relação à análise de cisalhamento é muito semelhante em todas elas.

Estes resultados são consistentes com os dados da TPA, onde a análise sugere que, independentemente do tipo de tensão aplicada, o comportamento dos materiais é mais elástico do que viscoso. Por outro lado, a salsicha preparada com carne de cultura revelou-se mais rígida do que as outras carnes comerciais. No entanto, os outros parâmetros sensoriais estão dentro da gama dos outros tipos de carne, o que é tão importante para a aceitação dos clientes como o módulo mecânico clássico (E e G).

Este trabalho apresenta os resultados da caraterização mecânica de produtos cárneos cultivados e a sua comparação com produtos cárneos disponíveis no mercado. Este estudo utilizou duas técnicas complementares: Análise de Perfil de Textura e Reologia. A primeira é um ensaio de compressão de dois ensaios consecutivos que compara a resposta do material entre os dois ensaios e a segunda analisa as propriedades viscoelásticas do material. Para além disso, este trabalho também apresenta uma análise estatística adequada para uma comparação de diferentes tipos de amostras de carne.

A análise destas quatro amostras específicas mostra que o produto à base de carne de cultura apresenta características de textura semelhantes para parâmetros como dureza, coesão, elasticidade, mastigação e resiliência em comparação com carnes comerciais e módulos de elasticidade e de cisalhamento (E e G) mais elevados. Os resultados do TPA são consistentes com as experiências reológicas. Considerando o comportamento elástico dominante das amostras, a TPA parece fornecer informações mais valiosas do que a caraterização reológica.

Esta metodologia provou fornecer informações valiosas para o desenvolvimento e otimização de estratégias de processamento de produtos de carne cultivada e ajudou a revelar alguns dos parâmetros desconhecidos num campo tão incipiente. De uma forma quantitativa e rápida, utilizando os métodos propostos, os investigadores podem ajustar diferentes composições, aditivos ou parâmetros de processo para imitar as propriedades de textura mecânica dos produtos à base de carne que já são aceites pelos clientes.

Referências

1. van der Weele, C., & Tramper, J. (2014). Carne cultivada: Cada aldeia tem a sua própria fábrica? Tendências em Biotecnologia, 32(6), 294-296.

2. Chestney, N., & Nebehay, S. (2019). A ONU diz que precisamos de reduzir o nosso consumo de carne para combater as alterações climáticas e melhorar a segurança alimentar. Fórum Económico Mundial, 51, 882-890

3. Gerber, P. J., Steinfeld, H., Henderson, B., Mottet, A., Opio, C., Dijkman, J., Falcucci, A., & Tempio, G. (2013). Combater as alterações climáticas através da pecuária: A global assessment of emissions and mitigation opportunities (Uma avaliação global das emissões e oportunidades de mitigação). Organização das Nações Unidas para a Alimentação e a Agricultura (FAO).

4. Fundo Mundial para a Natureza. (2017). Appetite for destruction. https://www.wwf. org.uk/updates/appetitefordestruction

5. Humbird, D. (2020). Economia de aumento de escala para carne cultivada: análise tecnoeconômica e due diligence. engrXiv,

6. Ben-Arye, T., & Levenberg, S. (2019). Engenharia de tecidos para produção de carne limpa. Fronteiras em sistemas alimentares sustentáveis, 3, 46.

7. Alberts, B., (Ed.). (2002). Molecular biology of the cell (4ª ed). Garland Science.

8. Xie, L., & Zhou, W. (2005). Cultivo de células de mamíferos em lotes alimentados para a produção de proteínas recombinantes. Em Ozturk, S. S. & Hu, W.-S. (Eds.), Cell culture technology for pharmaceutical and cell-based therapies. Taylor & Francis.

9. Battley, E. H. (1999). Um método empírico para estimar a entropia de formação e a entropia absoluta da biomassa microbiana seca para uso em estudos sobre a termodinâmica do crescimento microbiano. Thermochimica Ata, 326, 7-15.

10. Burnham, A. K. (2010). Estimativa do calor de formação de géneros alimentícios e biomassa (UCRL-TR-464095). Laboratório Nacional Lawrence Livermore.

11. Xie, L., & Wang, D. I. C. (1994). Análise estequiométrica do crescimento de células animais e sua aplicação na conceção de meios. Biotechnology and Bioengineering, 43(11), 1164-1174.

12. Guan, Y. H., & Kemp, R. B. (1999). Deteção da alteração das necessidades de substrato das células animais em cultura através de equações de crescimento estequiométrico validadas por balanços de entalpia. Jornal de Biotecnologia, 69(2-3), 95-114

13. Hosios, A. M., Hecht, V. C., Danai, L. V., Johnson, M. O., Rathmell, J. C., Steinhauser, M. L., Manalis, S. R., & Vander Heiden, M. G. (2016). Os

aminoácidos, em vez da glicose, representam a maior parte da massa celular em células de mamíferos em proliferação. Developmental Cell, 36(5), 540-549.

14. West, G. B., Woodruff, W. H., & Brown, J. H. (2002). Allometric scaling of metabolic rate from molecules and mitochondria to cells and mammals (Escala alométrica da taxa metabólica de moléculas e mitocôndrias para células e mamíferos). Proceedings of the National Academy of Sciences of the United States of America, 99, 24732478.

15. Freund, N., & Croughan, M. (2018). Um método simples para reduzir a produção de ácido lático e amónio na cultura de células animais industriais. Revista Internacional de Ciências Moleculares, 19(2), 385.

16. Pereira, S., Kildegaard, H. F., & Andersen, M. R. (2018). Impacto do metabolismo de CHO no crescimento celular e na produção de proteínas: Uma visão geral dos metabólitos e nutrientes tóxicos e inibidores. Revista de Biotecnologia, 13, e1700499

17. Conselho de Exportação de Soja dos EUA. (2015). Farelo de soja dos EUA. https://ussec.org/ wp-content/uploads/2015/10/US-Soybean-Meal-Information.pdf

18. Iordan, A. (2008). Propriedades reológicas de materiais biológicos: De suspensões celulares a tecidos (Universite Joseph-Fourier).

19. Clincke, M.-F., Molleryd, C., Zhang, Y., Lindskog, E., Walsh, K., & Chotteau, V. (2013). Densidade muito alta de células CHO em perfusão por ATF ou TFF em WAVE bioreactor ™. Parte I. Efeito da densidade celular no processo. Biotechnology Progress, 29(3), 754-767.

20. Xing, Z., Kenty, B. M., Li, Z. J., & Lee, S. S. (2009). Análise de aumento de escala para um processo de cultura de células CHO em bioreactores de grande escala. Biotecnologia e Bioengenharia, 103(4), 733-746.

21. Ozturk, S. S. (1996). Desafios de engenharia em sistemas de cultura de células de alta densidade. Cytotechnology, 22, 3-16.

22. Nienow, A. W. (2014). Reactores de agitação e de tanque agitado. Chemie Ingenieur Technik, 12, 2063-2074.

23. Gray, D. R., Chen, S., Howarth, W., Inlow, D., & Maiorella, B. L. (1996). CO_2 em cultura de perfusão de células CHO em grande escala e de alta densidade. Cytotechnology, 22, 65-78.

24. Van't Riet, K., & Van der Lans, R. (2011). Mistura em vasos de bioreactores. Em M. Moo-Young, & C. E. Webb (Eds.), Comprehensive biotechnology (Vol. 2). Elsevier.

25. Al-Rubeai, M., Singh, R. P., Goldman, M. H., & Emery, A. N. (1995). Mecanismos de morte de células animais em condições de agitação intensiva. Biotechnology and Bioengineering, 45(6), 463-472.

26. Pollock, J., Ho, S. V., & Farid, S. S. (2013). Processos de cultura em lote alimentado e perfusão: Viabilidade económica, ambiental e operacional sob incerteza. Biotecnologia e Bioengenharia, 110(1), 206-219.

27. Petrides, D. P. (2015). Conceção e economia de bioprocessos. Em Harrison, R. G., Todd, P. & Rudge, S. R. (Eds.), Bioseparations science and engineering (Segunda edição). Oxford University Press.

28. Moody, M., Alves, W., Varghese, J., & Khan, F. (2011). Contaminação do vírus do minuto do rato (MMV) - um estudo de caso: Deteção, determinação da causa raiz e acções correctivas. PDA Journal of Pharmaceutical Science and Technology, 65(6), 580-588.

29. ASME. (2016). Equipamento de bioprocessamento (BPE-2016).

30. Couper, J. R., Penney, W. R., Fair, J. R., & Walas, S. M. (2012). Equipamento de processo químico: Seleção e conceção (3ª ed.). Butterworth-Heinemann.

31. Damodaran, A. (2020). Custo do capital por sector (EUA).

32. Maroulis, Z. B., & Saravacos, G. D. (2003). Food process design. Marcel Dekker.

33. USDA ERS. (2020). Sugar and sweeteners yearbook tables. https://www.ers.usda.gov/data-products/sugar-and-sweeteners-yearbook-tables/

34. Investigação BCC. (2017). Aminoácidos comerciais (n.º BIO007L).

35. IHS Chemical. (2019). Aminoácidos, principais (manual de economia química).

36. Sanchez, S., Rodriguez-Sanoja, R., Ramos, A., & Demain, A. L. (2018). Nossos micróbios não apenas produzem antibióticos, mas também produzem aminoácidos em excesso. O Jornal de Antibióticos, 71 (1), 26-36.

37. Babcock, J., Smith, S., Huttinga, H., & Merrill, D. (2007). Melhorar o desempenho da cultura de células. Genetic Engineering and Biotechnology News, 27(20), 38. USDA-IL. (2020). Relatório do processador de soja do centro de Illinois (GX_GR117). https://www.ams.usda.gov/mnreports/gx_gr117.txt

39. Arbige, M. (1989). Enzimologia industrial: A look towards the future. Trends in Biotechnology, 7(12), 330-335. https://doi.org/10.1016/0167-7799(89)90032-2

40. Gotham, D., Barber, M. J., & Hill, A. (2018). Custos de produção e preços potenciais para biossimilares de insulina humana e análogos de insulina. BMJ Global Health, 3(5), e000850.

41. Kelley, B. (2009). Industrialização da tecnologia de produção de mAb: The bioprocessing industry at a crossroads. mAbs, 1(5), 443-452.

42. Chen, G., Gulbranson, D. R., Hou, Z., Bolin, J. M., Ruotti, V., Probasco, M. D., Smuga-Otto, K., Howden, S. E., Diol, N. R., Propson, N. E., Wagner, R.,

Lee, G. O., Antosiewicz-Bourget, J., Teng, J. M. C., & Thomson, J. A. (2011). Condições quimicamente definidas para derivação e cultura de iPSC humanas. Nature Methods, 8(5), 424-429.

43. Post, M. J. Cultured meat from stem cells: Challenges and prospects. *Meat Sci.* **92**, 197-301. https:// doi. org/ 10. 1016/j. meats ci. 2012. 04. 008 (2012).

44. Roser, M., & Ritchie H. https:// ourwo rldin data. org/ food- supply# prote insupply.

45. FAO. *Meat Market Review 2021*. https:// www. fao. org/3/ cb370 0en/ cb370 0en. pdf.

46. Ben-Arye, T. & Levenberg, S. Tissue engineering for clean meat production (Engenharia de tecidos para produção de carne limpa). *Front. Sustain. Food Syst.* https:// doi. org/ 10. 3389/fsufs. 2019. 00046 (2019).

47. Post, M. J. Cultured beef: Tecnologia médica para produzir alimentos. *J. Sci. Food Agric.* **94**(6), 1039-1041. https:// doi. org/ 10. 1002/ jsfa.6474 (2014).

48. Kearney. Quando os consumidores se tornarem veganos, quanta carne será deixada na mesa para o agronegócio? https:// www. de. kearn ey. com/ docum ents/ 20152/ 49564 66/ Quando+ os+ consumidores+ se+ tornam+ veganos% 2C+ quanta+ carne+ será+ deixada+ na+ mesa+ para+ a+ agricultura ss+% 282% 29. pdf/ fe61e 117- 356c- 6f4e- 2fbe- 079da b3e56 47?t= 16086 51313 000.

49. Fraeye, I., Kratka, M., Vandenburgh, H. & Thorrez, L. Aspectos sensoriais e nutricionais da carne cultivada em comparação com a carne tradicional: Muito a deduzir. *Front. Nutr.* **7**, 35. https:// doi. org/ 10. 3389/ fnut. 2020. 00035 (2020).

50. Selway, N. & Stokes, J. R. Deformação, fluxo e lubrificação de materiais macios entre substratos compatíveis: Impacto no comportamento do fluxo, sensação na boca, estabilidade e sabor. *Annu. Rev. Food Sci. Technol.* **5**(1), 373-393. https:// doi. org/ 10. 1146/ annur ev- food- 030212- 182657 (2014).

51. Schreuders, F. K., Schlangen, M., Kyriakopoulou, K., Boom, R. M. & van der Goot, A. J. Texture methods for evaluating meat andmeat analogue structures: A review. *Controlo Alimentar* **127**, 108103 (2021).

52. Romero de Avila, D., Cambero, M. I., Ordonez, J. A., de la Hoz, L. & Herrero, A. M. Rheological behaviour of commercial cookedmeat products evaluated by tensile test and texture profile analysis (TPA). *Meat Sci.* **98**(2), 310-315. https:// doi. org/ 10. 1016/j. carnes ci. 2014. 05. 003 (2014).

53. Liu, D., Deng, Y., Sha, L., Abul Hashem, M. & Gai, S. Impact of oral processing on texture attributes and taste perception. *J. FoodSci. Technol.* https:// doi. org/ 10. 1007/ s13197- 017- 2661-1 (2017).

54. Ruiz De Huidobro, F., Miguel, E., Blazquez, B. & Onega, E. A comparison between two methods (Warner-Bratzler and textureprofile analysis) for testing either raw meat or cooked meat. *Meat Sci.* **69**(3), 527-536. https:// doi. org/ 10. 1016/j. meats ci. 2004. 09. 008 (2005).

55. Gorbatov, A. V. & Gorbatov, V. M. Advances in sausage meat rheology (Avanços na reologia da carne de salsicha). *J. Texture Stud.* **4**(4), 406-437 (1974).

56. Li, Y. *et al.* Fabrico de tecido muscular esquelético suíno para a produção de carne de cultura utilizando a tecnologia de bioimpressão tridimensional. *J. Future Foods* **1**(1), 88-97 (2021).

57. Novakovic, S., Tomasevic, I. A comparison between Warner-Bratzler shear force measurement and texture profile analysis of meat and meat products: A review. in *IOP Conference Series: Earth and Environmental Science*. Vol. 85. 12063. https:// doi. org/ 10. 1088/1755- 1315/ 85/1/ 012063. (2017).

58. Derossi, A., Caporizzi, R., Azzollini, D. & Severini, C. Aplicação da impressão 3D para alimentos personalizados. Um caso sobre o desenvolvimento de um lanche à base de frutas para crianças. *J. Food Eng.* **220**, 65-75. https:// doi. org/ 10. 1016/J. JFOOD ENG. 2017. 05. 015. 2018 (2018).

59. Handral, H. K., Tay, S. H., Chan, W. W. & Choudhury, D. *Impressão 3D de produtos de carne cultivada* (Nutr Food Sci, 2020). https:// doi.org/ 10. 1080/ 10408 398. 2020. 18151 72.

60. Ahmed, J. & Ramaswamy, H. S. Dynamic rheology and thermal transitions in meat-based strained baby foods. *J. Food Eng.* **78**(4),1274-1284 (2007).

61. Lupi, F. R., Gabriele, D., Seta, L., Baldino, N. & de Cindio, B. Conceção reológica de molhos de carne estabilizados para uso industrial. *Eur. J. Lipid Sci. Technol.* **116**(12), 1734-1744. https:// doi. org/ 10. 1002/ ejlt. 20140 0286 (2014).

62. Meenakshi, A. & Priyanjali, P. Padrão de mastigação humana: Visão geral da prótese dentária. *Int. J. Oral Health Med. Res.* **4**(1), 80-85 (2017).

63. Equipa do RStudio. *RStudio: Integrated Development Environment for R.* http:// www. rstud io. com/. (Equipa RStudio, 2015).

64. Samard, S. & Ryu, G. H. A comparison of physicochemical characteristics, texture, and structure of meat analogue and meats. *J.Sci. Food Agric.* **99**(6), 27082715 (2019).

65. U-chupaj, J. *et al.* Differences in textural properties of cooked caponized and broiler chicken breast meat. *Poult. Sci.* **96**(7), 2491-2500 (2017).

66. Rizo, A., Pena, E., Alarcon-Rojo, A. D., Fiszman, S. & Tarrega, A. Relacionando a perceção da textura do presunto cozido com a evolução do bolus

na boca. *Food Res. Int.* **118**, 4-12 (2019).

67. Pietsch, V. L., Soergel, F., & Giannini, M. Combinando extrusão, microscopia eletrónica e reologia para estudar as características do produto de produtos análogos à carne. in *ThermoFisher White paper No. WP04.* (2021).

yes
I want morebooks!

Buy your books fast and straightforward online - at one of world's fastest growing online book stores! Environmentally sound due to Print-on-Demand technologies.

Buy your books online at
www.morebooks.shop

Compre os seus livros mais rápido e diretamente na internet, em uma das livrarias on-line com o maior crescimento no mundo! Produção que protege o meio ambiente através das tecnologias de impressão sob demanda.

Compre os seus livros on-line em
www.morebooks.shop

Printed by Books on Demand GmbH, Norderstedt / Germany